けものが街にやってくる

人口減少社会と野生動物がもたらす災害リスク

羽澄俊裕

地人書館

はじめに

二〇二〇（令和二）年の春以来、新型コロナウイルス（COVID-19）が地球規模で蔓延し、人間社会の形が大きく変わろうとしている。世界が共通して一息に見えない敵に襲われた事実が、グローバリズムの産物であるのは確かなことだ。それを阻止するために人の移動や物資の流通が制限され、経済にブレーキがかかった。

世界の科学者が結束して見えない敵の正体をつかんでも、ウイルスの変異を想定すると有効なワクチンや薬の開発には時間がかかり、再び世界に平穏が訪れるのは五年先のことだと語る学者もいる。そんな中、経済の停滞によって、店舗の閉店、会社の倒産、失業者の増加、そして給与の補償されない非正規労働者ほど厳しい状況に置かれている。最近は病院までが倒産の危機にあるという。学校では教員や子供たちが不規則な授業に振り回され、保育、介護の分野でも明らかにストレスが広がっている。

この想定外の事態にどの国の政府も振り回され、日本政府の取り組みも空回りが目立つのだが、このままの状態で五年も耐えられるはずがない。暗中模索の議論の中で、政治と科学の役割の意味を社会が認識し始めていることは、不幸中の幸いと言えるだろう。ただおびえるばかりでなく、ウイルスに侵食される社会を生き抜いて、新たなウイルスにも予防的に対処できる社会の形を創り上げていくしかない。

そして、頻発する集中豪雨や地震の災害に耐える社会へと転換することも、温暖化やプラスチックのような地球レベルの環境問題に応えていくことも、同じテーブルで議論するということを忘れてはいけない。そしてもう一つ忘れてはいけないことは、本書で警告する野生動物による災害リスクのことである。

この本を書き始めた二〇一八（平成三〇）年は明治の始まりから一五〇年の節目にあたる。江戸末期に三千万人ほどだった日本の人口は、この間に四倍を超えて膨れ上がった。それは欧米列強の植民地政策を回避しようと、多くの犠牲を払いながら強引に推し進めた富国強兵やら殖産興業に代表される明治の近代化政策による。あるいは昭和の無謀な戦争による敗戦からの復興をかけた高度経済成長時代の産物でもある。そして平成を半分過ぎた二〇〇八（平成二〇）年に、日本の人口は減少に転じた。

平成時代に経済成長が滞ったことを悲観的にとらえ、昭和の高度経済成長時代を懐かしむ日本の社会的風潮を「三丁目の夕日症候群」と言う人もいる。イギリス人経済アナリストのデービッド・アトキンソンは、高度経済成長は昭和時代の日本人が今より頑張っていたせいではないと言う。人口が増加していたのだから経済が成長するのは当たり前のことで、人口が減る現在の成長が停まるのもまた当たり前のことだと、現在を嘆く日本人を不思議がる。現状を冷静に評価することなく、ただ、その場その時の空気に流されている日本人の習性は、無謀な戦争を止められなかった「失敗の本質」からさほど変わっていないようだ。

世界に目を向ければ、グローバリズムの登場によって、ついには共産国家まで巻き込んで人々が追求し続ける大量消費の社会システムの効果もあって、地球上の人口はまだまだ増加している。その結果、自然環境は大きく攪乱され、そこに棲む生物たちが個体数を減らし、分布を縮小されて絶滅に追い込まれている。IUCN（国際自然保護連合）のレッドリストによれば、現在三万二千種以上の生物が絶滅の危機にある。おまけに人の活動に起因する地球の温暖化によって、世界各地の気象条件が予想を超えて乱れるようになってきた。

それぞれの国で、人々が望んだかどうかは別にして、これが二〇世紀の人類が突き進んできた道である。このブレーキのかからない人口増加の深刻さを警告する書物は、社会経済から自然科学の分野まで巷にあふれている。そんな地球全体の現実の片隅で、日本は世界に先駆けて急速に人口の減少する時代へと突入した。このギャップは冷静に理解しておく必要がある。

さらに加えるなら、ネット社会、AI（人工知能）、ロボット、生命科学の分野に代表される技術革新は、人類への功罪をごちゃまぜにして何をもたらすかわからない。そんな諸々があふれかえり、個人では制御不能な不安が増しているせいだろう、バーチャルな世界に潜り込んで思考を停止させ、しばしの平穏を求めるというのは健全な生物の反応のようでもある。

二〇一五（平成二七）年に開催された国連サミットの場で、ＳＤＧｓという、持続可能な社会の実現に向けた二〇三〇（令和一二）年までの目標が定まった。日本でも少しずつ認知が広がっているものの、この先の一〇年というわずかな時間の目標としては、達成可能性に疑問符が付く。それでも、人類共通のゴールとして努力するしかない。特に、その場の空気に流されて、冷静な意思決定ができないと言われてしまうこの国にとっては、世界共通の目標に向かって走っているほうが、間違いを犯さないという意味で少しはましであるかもしれない。

さて、本書のテーマである野生動物がもたらす災害リスクの問題は、こうした人間の側の急速な変化の裏返しの現象であり、すでに日本各地で発生して、日々のニュースに流れる頻度も増えている。野生動物の持ち込む問題は第一次産業への被害にとどまらない。都市部にも侵入して、人身事故やら、感染症やら、人へのリスクはきわめて大きい。新型コロナウイルスもまた、野生動物に由来する問題である。そしてまた対策にかかるコストは莫大なものとなり、放置するほど雪だるま式に増えていくものだ。国際的な約束事として野生動物は生物多様性の一員であり、保護すべき対象である。しかし明らかに、現代社会の大きな災害リスクとなっている。この先、どんな社会を創り出すにしても、害をもたらす野生動物と人の生活との空間的重複は避けたほうがよい。リスクを防ぐための社会的コストが大きすぎる。これは美しくさえずる野鳥の話ではない。

本書は、この、いつも後回しにされて、取り返しのつかない段階に入っている野生動物がもたらす災害リスクについて警告を発し、重大な社会問題であることに気づいていただくために書いている。そのため自然保護や鳥獣行政の関係者に限らず、これまで全く関心を持つことのなかった一般の方々、あるいはこれからの社会をリードしていく政治や行政に携わる方々に強く意識していただくために書いている。全体構成は三部に分けた。

Ⅰ部では、すでに始まっている野生動物の問題についてお伝えする。まずは、巷で盛んに議論されている人口減少問題というものをレビューした。なぜなら、それこそが野生動物が持ち込む問題の根源的な原因であることによる。そして分布を拡大する野生動物の現状と、彼らが持ち込む危機の中身について紹介した後、こうなってしまった理由を考えてみた。さらに、この現象が単に人間界の出来事にとどまらず、森の中の生物多様性にも大きな影響を生み出していることについても、重要な問題としてお伝えする。

Ⅱ部では、この問題を解決に導くために、何が必要であるかということを考えてみた。まずは、人口減少という、人が撤退していく時代に環境がどのように変わっていくかということを、主に都市計画分野の情報からレビューした。それこそが野生動物の侵入を予測する根拠となるからだ。その状況を想定したうえで、人が集まって暮らすコミュニティを中心に、害性のある野生動物の侵入を阻むために必要なことを考えてみた。あわせて彼らが山の中にとどまっても健全な生活が保障されるように、適切な森林のマネジメントについても考えてみた。

Ⅲ部では、必要なことを実行に移していく社会システムを想定して、それを整備していくための課題について拾い出した。すでに法制度の整備は進んでいるものの、その意思が正しく現場に落とし込まれていないことにこそ問題があると私は考えている。さらに人口減少によって現場の技術者が枯渇し、実行機能が失われている現状についてもお伝えする。最後に、必要なシステムを稼働させるためには欠かせない、技術者を育成していく仕掛けについても考えてみた。

ちなみに本書に出てくる用語のうち、「保護」(protection)や「保全」(conservation)という言葉は学術的には厳密に区別され、それゆえ混乱を生むところでもある。しかし一般には、「保護」も「保全」も区別されることなく使われている。強いて言うなら「保護」は人文社会学分野で、「保全」は自然科学分野の技術用語として用いられる傾向が強いので、本書でもそのような意図を含んで両者の言葉を使用した。また、長く「management」の誤った訳語として使われてきた「管理」という言葉は、「管理はマネジメントの行為に内包される概念である」とする本家の経営学の整理に従う。「管理」とは英語の「control」が表す行為の訳語として使うのが正しい。そのうえで、個人ではなく社会が行う「ワイルドライフ・マネジメント」というものは、現在の日本の実態からすれば、「鳥獣行政」と訳して置き換えると座りがよい。

けものが街にやってくる
人口減少社会と野生動物がもたらす災害リスク◉目次

4章　生態系に影響する問題

Ⅱ部　国土計画の盲点

5章　人口減少時代の環境変化

Ⅰ部　すでに始まっている問題

新型コロナ問題の渦中にあるこの国の大前提は人口減少社会にある。そして、これまでに様々な問題点が指摘されてはきたものの、そこから抜け落ちてしまっていることがある。それは明治以来の一五〇年にわたり人々が暮らしの中で抑えつけてきたはずのこと。地域社会の過疎が深刻化するにつれ、さらには全国的な人口減少とともに、少しずつ抑えきれなくなり、とうとうあふれ出してきたことだ。私たちは、自然とうまく付き合っていく形についても、考え直さなければならなくなっている。

1章　人口減少問題の一般的な論点

人口減少社会の時代背景

山岳地域が七割も占めるこの細長い島国に一億三千万の人口は多すぎる。人口はもっと減ったほうが、ゆとりが生まれてよいはずだ。人口が八千万人、七千万人になって、各世代が適度に混じり合って分散して暮らせたら、誰もが自然に囲まれた心地よい生活を送れるに違いない。無責任にも私はそんなふうに考えてきた。

一九七〇年代後半から四〇年以上も野生動物の仕事に関わり、各地の山に出入りしては東京に戻り、雑踏に押し流される暮らしを続けてきた。だから、この半世紀ほどの環境の変化も、その速さも、東京とその他の地域の間に大きなギャップが進んでいることも、どこか違和感を持ちながら、その違いを楽しんできたというべきかもしれない。そこに始まる問題の深刻さのことなど、まるで気づいていなかった。

未開の地をとことん切り拓くということは近代化の本質に違いない。昭和末期にあたる一九八〇年代の森林伐採の勢いはすさまじいものだった。奥山の行き着く先まで林道を延ばし、各地の森林が稜線まで一気に丸裸にされ、丘陵帯には隣り合わせに競うようにゴルフ場がつくられた。そうした現場で行われていたことは、ただ力任せのきわめて乱暴な土木的作業であって、森林管理や林業とは程遠いものだった。しかも、そこに働く労働者の中に日本人の若者の姿はなく、山奥の林道工事の現場でさえ、日本人の高齢夫婦に混じって外国人の働く姿を見て驚いたものだ。

日本の若者は3K、4Kと呼ばれるきつい仕事を嫌って都会に出た。ちょうど日本中がバブルのばか騒ぎをしていた頃で、すでに農林業は衰退期にあったから、都会に出たのが本人の意思であったのか、親の意思であったのかはわからない。おそらく当時の親たちは、紙幣がチリ紙のように扱われる世相を眺めながら、しんどいばかりで儲からない仕事を子供に継がせたいとは思わなかったろう。

そして、天皇崩御の知らせによって昭和が終わったとき、それが合図であるかのように日本は姿を変えた。バブル経済がはじけて減速したせいで、それまでの乱暴な開発は潮が引くように勢いを失い、そこから始まる平成時代の主役はコンピュータに移り、ネットが普及し、急速にグローバル経済がけん引する社会へと移行した。

若い後継世代をあらかた都会に送り出してしまった田舎では、第一次産業が再び元気を取り戻すこともできず、今ではすっかり高齢化が進み、人の姿が消え、空き家が増え、廃村と朽ちた家、あるいはシャッターの下りた市街がさびれた風景を見せている。かたや東京では、さまざまな言語を交わす外国人が増え、平日の深夜まで人がごった返している。多様性の増加は大歓迎であるが、このギャッ

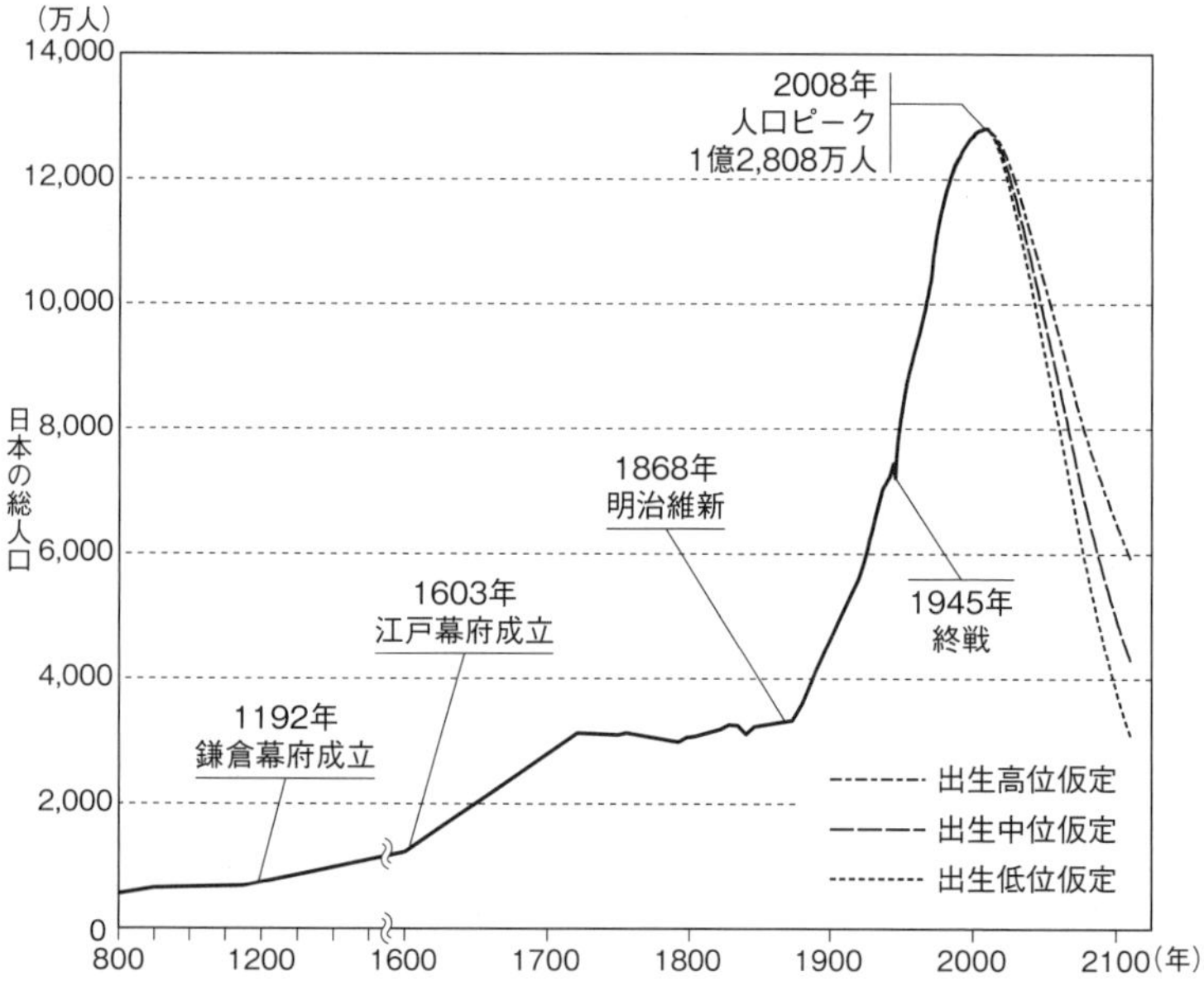

図１　日本の人口推移。2008 年をピークに急激な減少が見込まれ、今後、最も人口が多く推移した場合（出生高位・死亡低位）で仮定しても、半世紀後におよそ４分の１の人口を失うことになる。
出典：『平成 27 年版厚生労働白書—人口減少社会を考える』図表序 -1-1 を一部改変。1500 年以前は、鬼頭宏『人口から読む日本の歴史』を参考に作成。

ブをどうとらえたらよいものか。ただ傍観していたら押し流されてしまいそうな不安がつきまとう。

人口減少問題とは何か

総務省のホームページなどに掲載されている日本の総人口の推移を示したグラフによれば、徳川政権が二六〇年も平穏を保ってきた江戸時代の末期に三千万人にすぎなかった人口が、明治とともに急速に増加を始め、他国との戦争の時代を経てもなお増加を続け、今世紀初頭の二〇〇八（平成二〇）年に約四倍の一億二八〇八万人に到達して減少に転じた（図1）。

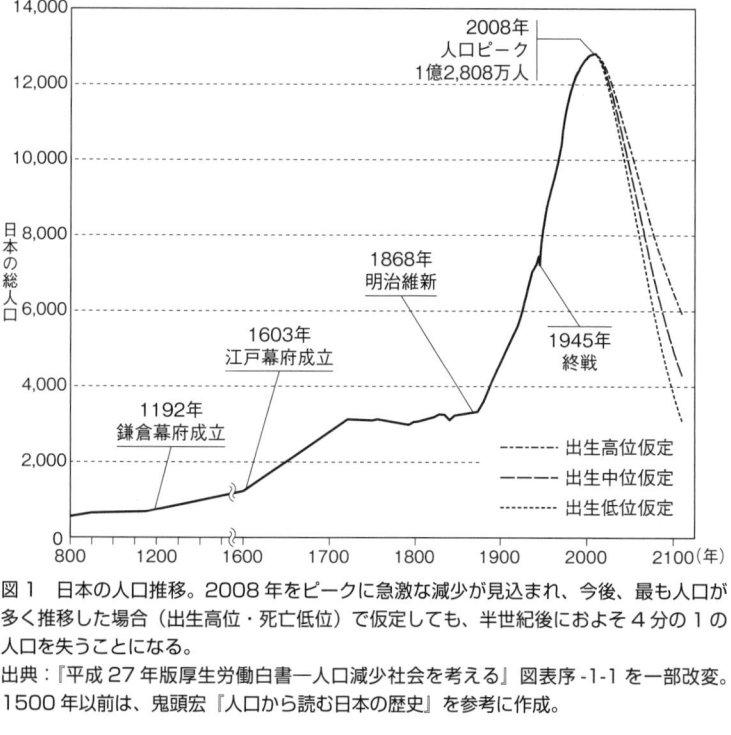

この一五〇年という間、ここまで人口を増やし続けてきた力こそ近代化というものだ。

しかし、現在の年齢構成を示す人口ピラミッド（図2）は明らかに高齢者（六五歳以上）に偏っている。この人口偏重が二〇五〇（令和三二）年になってもなお続くということが、日本の将来に根源的な問題を引き起こす。先進国のどの国も、順次、人口減少と高齢化に直面していくと予測されてはいるが、日本は突出して急速に減少と高齢化が進んでいるために、世界の人口学者が日本社会の行く末に注目している。たとえば、イギリスの著名な人口学者であるロナルド・スケルトンは、この人口ピラミッドの形を「棺桶型」と称して、日本政府がまるで対応できていない現状を警告している。

とはいえ、日本の研究者たちがこの問題に気づいてこなかったわけではない。たとえば松谷明彦は、『人口減少経済の新しい公式』という本の中で、経済学者の視点から、日本の人口減少は、戦後に劇的に平均寿命が延びたことや、敗戦直後の大規模な産児制限によって、速すぎる人口減少と高齢化を招いたという構造的要因を説明している。また、日本の経済が縮小することは避けられないこと、経済の拡大を基盤として形成されてきたこれまでの日本の経済システムでは今後は対応できなくなることを指摘しつつ、「人口縮小経済」へのさまざまな対応策を提案している。

人口減少のもう一つの側面は、東京を中心に三大都市圏域に人が集中する地理的な人口の偏重にある。国土交通省・国土政策局のホームページには、データ情報コーナーに「メッシュ別将来人口推計」という資料が掲載されている。そこに二〇五〇年の人口減少率マップだとか、無居住地帯のマップ（図3）が示されている。それは東京を「中央」として他の地域を「地方」と呼んで習慣化してきた、私

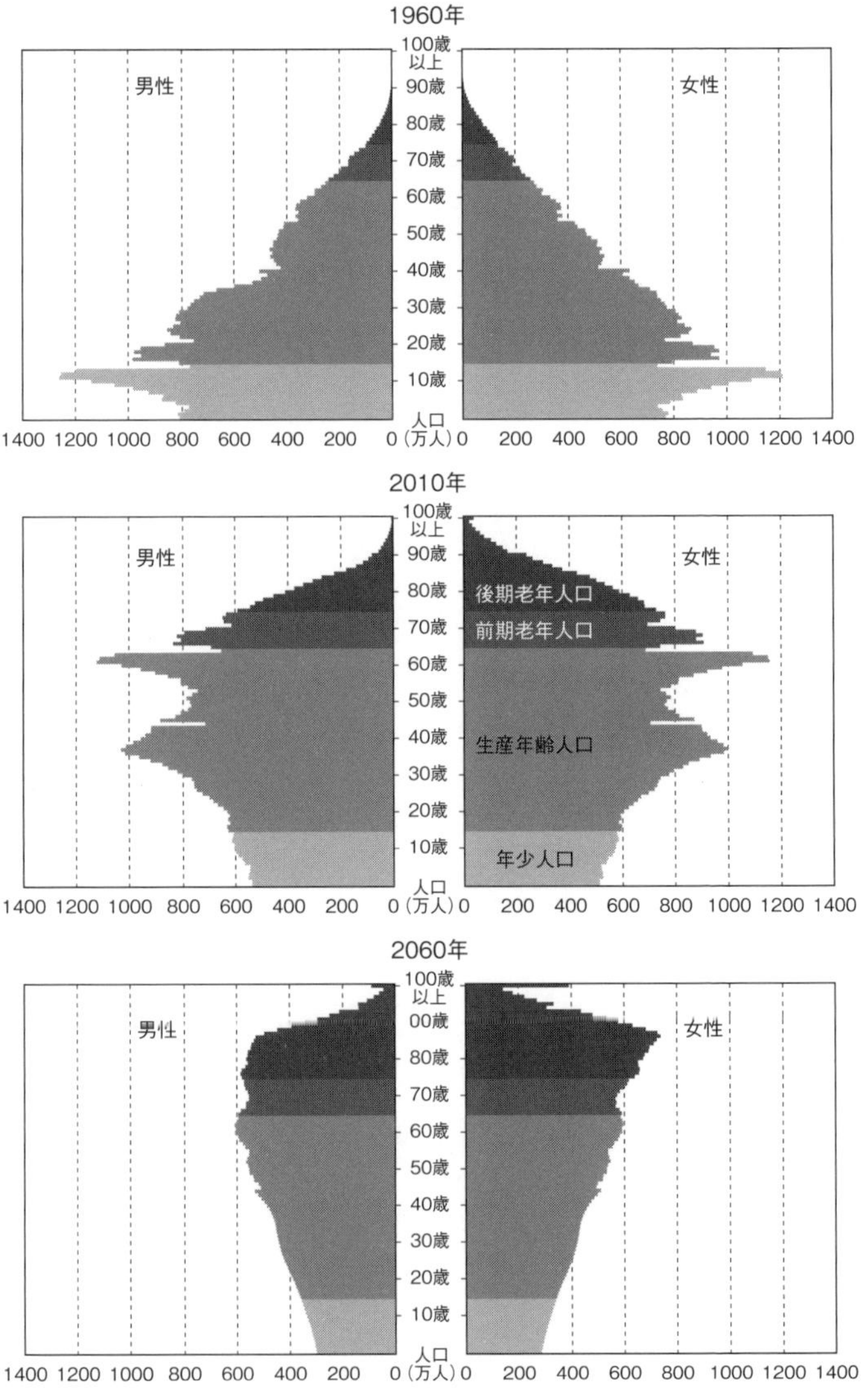

図２　日本の人口ピラミッドの形の推移。少子高齢化が進み、釣鐘型（1960 年）→つぼ型（2010 年）と変化してきて、2060 年には棺桶型となることが予測されている。
出典：国立社会保障・人口問題研究所ウェブサイト資料より作成。

図３　2050 年までに無居住化する地点
出典：国土交通省国土政策局（2014）「国土のグランドデザイン 2050」参考資料

たちの社会のたどりつく姿である。日本のほとんどの地域から人が消えるこの図は、実にショッキングなものである。二〇二〇（令和二）年八月五日、総務省は日本の人口が前年より五〇万人減少したことを発表した。減少数、減少率ともに過去最大で、都道府県別では、東京、神奈川、沖縄を除く府県で減少しており、人口減少と少子高齢化、東京一極集中の加速が明らかとなった。

社会学分野の本を読み解けば、地方の人口減少は二段階で起きたことが整理されている。人口減少には、出生と死亡の差し引きによる「自然増減」と、ある場所への転入と転出の差し引きによる「社会増減」がある。地方の人口減少はすでに一九六〇年代に始まったもので、戦後の高度経済成長をけん引した工業化を支えるために、地方の労働力を都市部へと集中させたことによる「社会減」によるものだった。そのため地方では、生産年齢人口が減少して「過疎」と呼ばれる深刻な問題が根付いてしまった。一九九〇年代に入ると、すでに出ていく若者はいないので「社会減」は収まったものの、子供を産む世代がいないので、ただ住民の高齢化が進みながら「自然減」の段階に入った。そして、順に、限界集落、廃村という過程をたどっている。

こうした経過をたどれば、私は、ずっとその変化を傍らで眺めながら仕事をしてきたことになる。野生動物に関わる問題は、地方と呼ばれる地域社会で発生してきたことである。そして野生動物の出没や住民との軋轢の増加の背景には、必ず人口減少のプロセスがあったということだ。場合によっては、獣害問題が離農の引き金になった可能性すらある。

増田レポートの地方消滅論

二〇一三（平成二五）年一一月の『中央公論』誌上に、元・岩手県知事で総務大臣も経験した増田寛也を中心にしたグループによる「壊死する地方都市」という特集記事（第一レポート）が掲載された。続く二〇一四（平成二六）年五月には、日本創成会議・人口減少問題検討分科会の報告として、「成長を続ける二一世紀のための『ストップ少子化・地方元気戦略』」（第二レポート）が出て、同時に『中央公論』誌上において緊急特集「消滅する市町村五二三全リスト」と銘打って「提言・ストップ『人口急減社会』」（第三レポート）が掲載された。これらが一連の増田レポートと呼ばれるもので、社会に衝撃を与えた。これは政府の地方創成戦略を念頭に入れた計画的なタイミングでの発表と言われているが、まさに消える市町村が名指しされたわけだから、対象となった市町村には大きな衝撃となったはずだ。

第三レポートの提言では、東京への一極集中を避けるために、若者の流出を食い止める地方の中核都市の機能強化を意味する「ダム機能」が必要であるとか、限られた地域資源の再配置や地域間の機能分担と連携を進めるための「選択と集中」が説かれている。こうした動きに、すぐにいくつもの異論反論が出ている。

たとえば社会学者の小田切徳美は、『農山村は消滅しない』の冒頭で、「選択と集中」の提案とセットにして消滅する市町村の一覧が掲載されたことは、名指しされた市町村に対する速やかに撤退しろとの呼びかけであり、この発表に対する社会の反応には「農村たたみ論」「諦め論」「制度リセット論」が入り混じっていることを指摘しつつ、農山村はそんなヤワな存在ではないとの本論を展開している。同じく社会学者の山下祐介は、『地方消滅の罠』の中で、増田レポートの「選択と集中」論には、エリート意識による「排除の論理」「棄民思想」が読み取れると強く批判して、中央の一つの価値観で切り捨てるのではなく、人口減少のスリム化については多様な切り口で議論すべきであると、「多様性の共生」という別の国家論を提案している。

私自身は、野生動物という巷ではあまり真剣に相手にされない問題と向き合ってきたので、人口減少に起因して野生動物が社会の大きな問題となってきたにもかかわらず、本質的な解決が後回しにされていることに危機感を持ってこの本を書いている。地域の現状は意識して変えなくてはならない。その意味では、増田ショックも、その後の異論反論の噴出にも、それなりに意味があるととらえている。そして、国家論を唱えるつもりはないが、地域再生は、地域住民の主体的意思表示の中にしか活路はないということを、日頃から強く感じている。

社会保障の問題

人口減少問題は社会のあらゆる分野に影響することから、そんな社会の中でどう生き抜いていくかということについて、たくさんの提案書や指南書が出版されている。たとえば、社会保障は関心の高い分野だろう。

元・厚生労働省の職員として社会保障の問題に長く携わってきた山崎史郎は、『人口減少と社会保障』という本の中で、人口減少という新しいステージにおける社会保障のあり方について、まさにこの分野の制度設計に長く携わった立場ならではの整理をされている。そこにはこんなことが書かれている。

そもそも社会保障制度とは、社会保険（医療保険、年金、介護保険、雇用保険、等）、公的扶助（生活保護、等）、公衆衛生（保健所の活動、等）、社会福祉（児童福祉、障碍者福祉、等）の四分野を指し、日本国憲法二五条において規定された、国民が「健康で文化的な最低限度の生活を営む権利」を有し、国は「社会福祉、社会保障及び公衆衛生の向上及び増進に努めなければならない」との基本理念に基づくものであるという。そしてその時代の社会情勢を反映し、制度設計の修正を重ねながら現在に至っているとのことだ。

時代に伴い変化する社会情勢とは、たとえば高齢単身者、壮齢未婚者、ひとり親世帯の増加といった家族構造の変化、あるいは非正規雇用などの雇用システムの変化、さらには、若・壮年無業者やひきこもり、自殺者の急増、格差の固定化などであり、そうした新たな現実に社会保障制度が合致しなくなっているということだ。そして人口減少問題も、労働人口の減少と税収難という課題によって社会保障に影響をもたらす重要な要因となっている。

日本の社会保障の基本理念は、戦後間もない一九五〇（昭和二五）年の社会保障制度審議会による勧告を受けてつくられた。そこでは、社会保障が国家の責任であるとしても、それは、国民の「社会連帯」によって支えられるべきものであり、国民はその社会的義務を果たさなければならない。自立した個人を目指すとともに、その自立した個人が自分以外の人と共に生き、手を差し伸べる社会をつくっていくことこそが社会保障の基本理念であるとして、日本の社会保障制度は、「自立」と「社会連帯」の考え方を最も明確に表す仕組みとして考えられてきた、ということが紹介されている。そして、人口減少時代を迎えた現在、この基本理念が揺らいでいる。

山崎は、家族や社会システムの変化によって、人と人のつながりという社会の基盤が弱体化していることを危惧しながら、そのことを強化する施策を生み出しつつ、人口のバランスを考えて、世代間の支え合いのウェイトを下げ、世代内の支え合いのウェイトを増やすべきことを提案している。そして、長い目で見れば誰にでも訪れる高齢期の生活保障において、一定の年金給付水準を確保していくためにも、子育て支援施策の強化をはかり、子供を産んでも共働きを続けられる社会をつくり、出生率の上昇を目指すべきであること、などを提唱している。

インフラ老朽化問題

日本は急峻な山岳地域が多く、海に囲まれた島国であり、地震や火山活動が活発である。長く雪に閉ざされる土地もある。私たちの祖先はそうした厳しい自然条件の中に入り込んで生き抜いてきた。奥山での暮らしの始まりは長い歴史をたどるだろうが、まともなインフラの整備が行き届くのは戦後の高度経済成長期まで待たなくてはならなかった。意外にもそんな地域は多い。

都会に若い労働力を引き抜かれてしまった生活の偏りを是正しようと、いまだに一番人気の政治家である田中角栄が日本列島改造論を発表したのは一九七二（昭和四七）年のことだった。そこから急速に全国的なインフラ網の整備が進んだ。そして、インフラ整備は間違いなく各地に便利さと幸福をもたらし、地方に金を落とす仕掛けにもなった。それでもなお地域に若者は残らず、その後の政権も過疎を解決できなかった。そして現在、道路、橋、トンネル、水道管、等々の基本的なインフラが老朽化して、修復や取り換えを必要としている。

人口が減るこれからの時代には税を納める生産年齢世代が減る。それによって必要な公共事業の財源も減る。限られた税収を何に投入するかということが、自治体の思案のしどころだ。にもかかわらず、今世紀に入ってから確実に災害が増えるようになった。超のつく大型台風や集中豪雨、竜巻などの気象災害もあれば、地震、津波、高潮、火山噴火、原発事故と、こんな大規模な災害は避けられるものではない。そうなると被災地では、復旧のための予算が必要になる。既存の古いインフラのすべてを修復して回る余力はなくなるだろう。

災害でなくとも、以前なら雪が降れば公的に除雪してもらえていた道が、財源がないからと、人の少ない場所ほど除雪作業もされなくなるだろう。そんなことが重なるうちに、不便さのために山奥の集落から人が消えていく。若者も入ってこられない。自ら努力して、若い世代を呼び込まない限り、その集落は森に飲み込まれていくのが宿命である。

人口減少時代のインフラ

二〇一八（平成三〇）年七月、台風七号による西日本豪雨が発生して、山間部では土砂災害が、平野部では水没地帯が広がった。九月、台風二一号が近畿を縦断、強風がたくさんの車をおもちゃのように転がし、屋根やビルの壁面を吹き飛ばした。さらに風で流された大型タンカーが関西国際空港の連絡橋を壊すという、まるでSF映画でも観ているような映像に愕然とした。そして同じ九月には、北海道胆振《いぶり》東部地震が発生して電力供給が途絶え、いわゆるブラックアウトが発生した。そのときにわかったことは、人口が増加する時代につくられた大規模な電力供給システムの柔軟さのなさだった。たとえば、小規模の発電機能を近距離に複数に分けて配置してあったなら、網の目に張った送電網を通して相互にカバーし合い、緊急時であっても短時間に回復できたはずではなかったか。

翌、二〇一九（令和元）年は大型台風が五個も上陸するひどい災害の年だった。九月に発生した台風一五号の際は、千葉県で長期間にわたる停電が起きた。このとき多数の風倒木が邪魔をして停電の現場に作業員が到達できず、復旧遅れの原因となった。倒木処理には高い林業技術が必要とされるのだが、そうしたスキルを持つ技術者が不足する林業衰退の現実を改めて突き付けられた。片づける間もなく一〇月の台風一九号では、豪雨により東日本の七一河川の堤防が決壊して氾濫し、たくさんの街、農地、車両基地に置かれた新幹線までが水没した。

そして本書を校正中の二〇二〇（令和二）年の夏も線状降水帯が何度も停滞し、北九州、岐阜、長野などで豪雨被害が進行中である。新型コロナ禍の中、家、職場、田畑を押し流されて、たくさんの人々が途方に暮れている。

各地で頻発する災害を経験するたびに、緊急の救助や救命医療の分野とは別に、早急に復旧すべきインフラとして、まずはライフライン、電気、水道、ガス、そして情報網や物流網の確保が必要になるとの理解が進んでいる。そして、人や物流を支える鉄道もまた地域に欠かせない重要なインフラであるにもかかわらず、災害のたびに線路が寸断されている。

それ以前に、人が減っていく地域から経営難となった鉄道の廃線が進んでいる。一九八七（昭和六二）年に分割民営化された国鉄からJR九州の社長となり、経営回復に努めてきた石井幸孝が書いた『人口減少と鉄道』という本では、国鉄時代の反省をふまえ、人口減少という、鉄道ビジネスにとって再び訪れた大きな危機に対応する経営上の提案が書かれている。そこには新幹線を貨物輸送に使うといった、はっとするような提案もある。しかし、すでに日本の各地には、JRから独立して地域に貢献する電車が走っていて、地元の住民ばかりか鉄道ファンまでが支えている。しかし、こうした努力はいつまで続けられるだろう。

毎年のように襲ってくる災害に対して被災地の復旧はきわめて遅い。人口減少の影響もあるが、人口増加時代につくられたインフラの老朽化も深刻な問題として立ちふさがる。しかし、今世紀の特徴と言えるほど当たり前になってきた大規模災害に対して、無策を続けているわけにもいくまい。本気で防災・減災を考えて予防的に立ち向かうのなら、国土レベルの土地利用の再編が必要となるだろう。

リスクを減らして暮らすならどこに住むか、どのように働くか、どこで農を営むか、そんなことを考えて改善していかなくてはならない。そして、地域を変えるには住民の努力や体力が必要となる。そこには移り住んでくる若い人たちが必要であり、何より彼らに働く機会を提供することだ。また、次世代を育てるための学校や保育施設も欠かせない。実はこうした人々の活力の全体が、本書で提案する、野生動物と棲み分けるための要となる。

野生動物と人口減少社会

日本の人口減少問題は、ずっと以前から始まっていたことである。敗戦からの復興を支えた高度経済成長は工業化によって達成された。そのための労働力が地域社会から都市部へと吸い出され、過疎の問題が生じた。そして過疎によって人がいなくなったところに、野生動物の侵入を許した。そのことが現代の野生動物が引き起こす問題の発端である。過疎化が進行している地域は全国の市町村の四割以上を占め、面積は国土の半分以上に及んでいる。そして、野生動物との軋轢の生じる地域が拡大している。

新型コロナが世界中を巻き込み、人類の生き方そのものを修正しなくてはならなくなった現在、その優先順位は変わってしまったとはいえ、日本の社会が人口減少の急速な変化をどのように乗り切るかということは、世界が注目するテーマの一つである。それほどの一大事であるにもかかわらず、いまだに具体的な政治ビジョンが見えてこないこの国の事情は、心配を増幅させる。既得権への執着のせいなのか、自分だけはと責任回避をする体質が色濃いのか、日本人論は盛んだが、軌道修正の具体的、政治的議論は何ら見えてこない。人口減少問題が社会として認知されたのは、おそらく、業を煮やしたように出版された増田レポートの地方消滅論からではないか。

昭和時代に野生動物との棲み分けを達成できていたのは、活発な人間活動の結果である。そのことからすれば、縮小していく時代にあっても、害性のある野生動物を追い返す仕組みを、一つのインフラとして創り出しておかなくてはならない。それは地域社会の現状から切り離して考えるものではなく、地域社会のありようの中で、一つのセットとして配置するものでなければ無駄と空回りが増える。その意味で、それぞれの地域社会はどのように縮小し、コンパクトな社会へと移行していくのか、その中身を理解しなければいけない。

これからの人口減少社会は、野生動物と棲み分けできるかが重要な鍵となる。新たなコミュニティの中身、新たなライフスタイル、社会保障の形、そこで展開される産業の姿、エネルギーの需給構造、廃棄物リサイクル、それらと野生動物との棲み分けシステムが対応していなければならない。さらに言えば、二〇三〇（令和一二）年をゴールにした国際社会の合意であるＳＤＧｓ（持続可能な発展の目標）に合致させていくことも条件になるのだから、それぞれの地域社会ではどんな姿を見出していくのか、十分な議論が必要である。しかも害をもたらす野生動物の侵入速度から想像すると、議論は早く開始したほうがよい。遅れるほどリスクは大きくなっていく。

2章　野生動物の分布拡大と高まる災害リスク

野生動物が人の生活の中に持ち込む問題

人口が増えていた時代、野生動物は保護を意識しなければならない対象だった。しかし今、そのイメージをくつがえしながら、かつて人に追い出された空間を粛々と奪い返している。そして、移動能力に長け、人を恐れなくなった動物から堂々と私たちの前に姿を現し、人の生活圏の中に頻繁に出入りするようになった。これが常態化してしまったら、これまでになく大変な事態につながっていく。速やかに適切に対処しなくてはならない。

ここでいう問題とは人に害をもたらす野生動物と、その害のことである。害がなければ問題にはならない。クマが街中に侵入することと庭先で小鳥がさえずることを一緒にはできない。この問題に適切に対処するということは、人間の身勝手という話ではない。ヒトという動物が自らの生存の危機を回避するためであり、他の野生動物と同じように、生物として当たり前の対応をするということである。

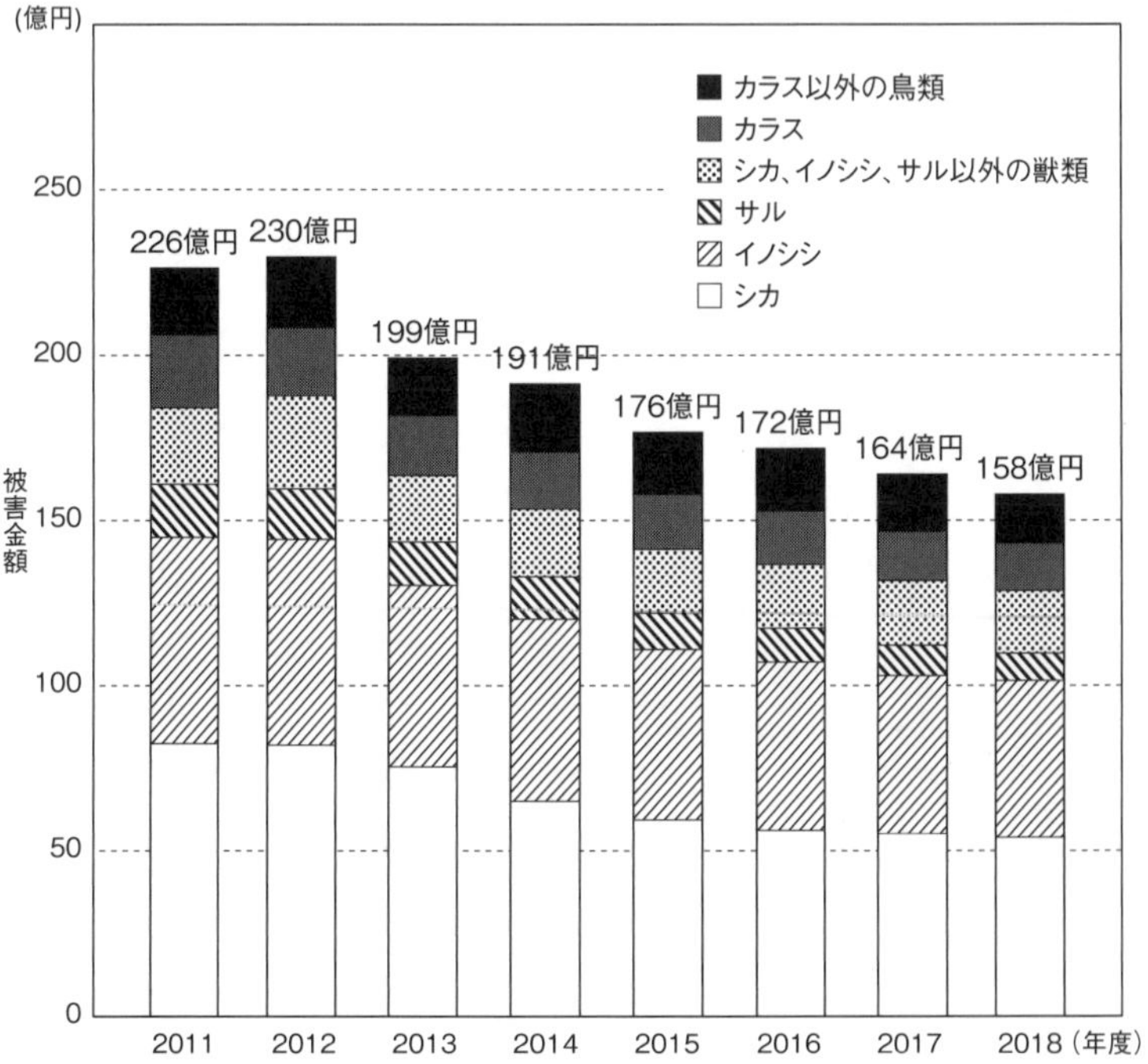

図４　野生鳥獣による農作物被害金額の推移
出典：農林水産省農村振興局 農村政策部 鳥獣対策・農村環境課 鳥獣対策室「野生鳥獣による農作物被害の推移（鳥獣種類別）」（2019 年 10 月）

これまでの時代なら、野生動物が人にもたらす問題の多くは、野生動物の生活する領域と人間が活動する領域の境界で発生したもので、農林水産業への食害が主たるものだった。ところが、今世紀に入ってから問題の内容はずいぶんと多様化している。野生動物が境界域を越えて人の生活圏の中に深く入り込むようになったので、空間的なオーバーラップが大きくなり、直接的に人の生活に加わる害の発生頻度が以前より増えている。今どき、ネットを検索すれば、野生動物の被害画像や動画をすぐに拾い出すことができる。

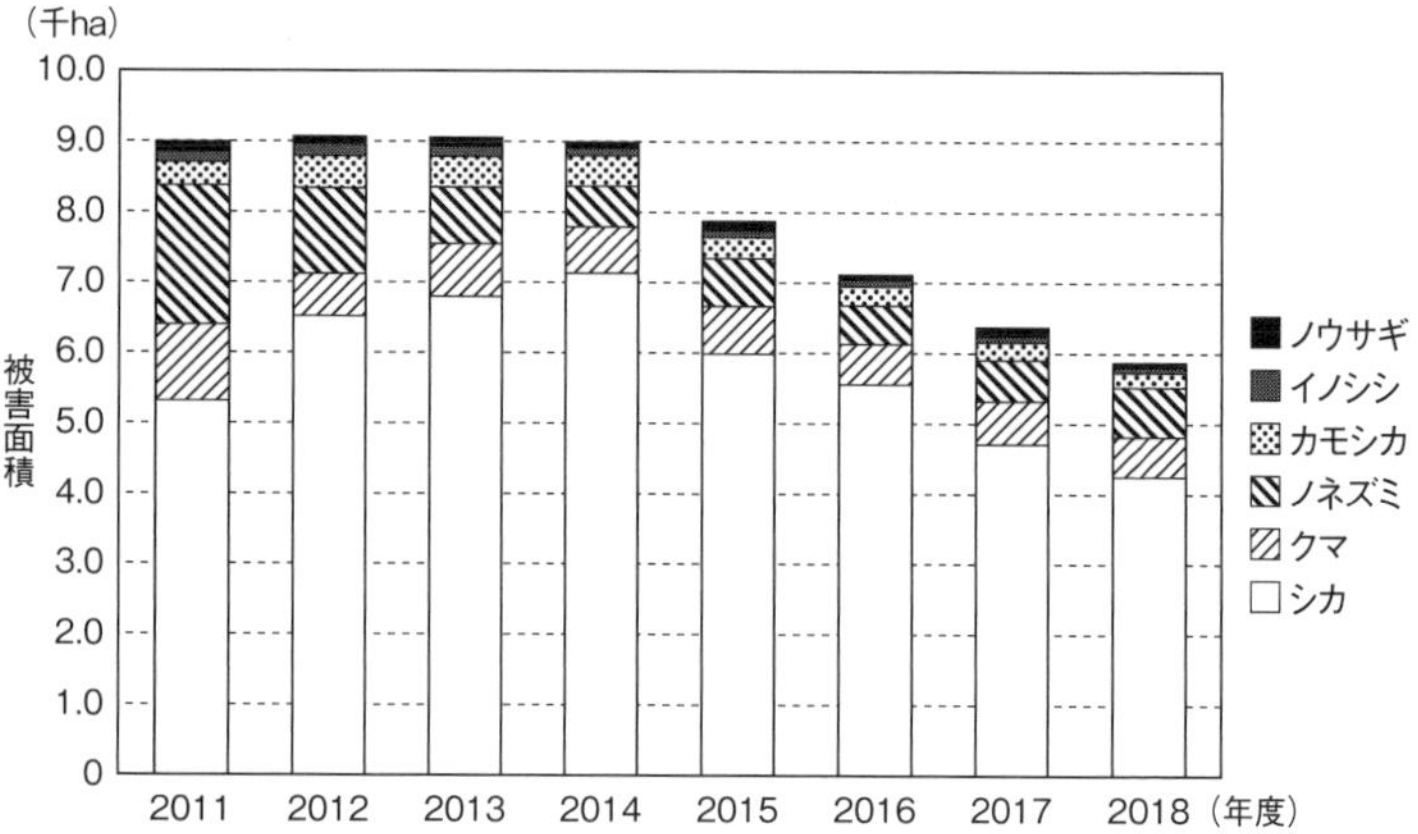

図５　主要な野生鳥獣による森林被害面積の推移（都道府県等からの報告による。民有林および国有林の被害面積の合計）
出典：林野庁森林整備部研究指導課森林保護対策室

農林水産被害

昔から野生動物がもたらす被害の定番は農林水産業の生産物に対する害である。農林水産省の資料によれば、二〇一八（平成三〇）年度の野生鳥獣による農作物被害額は一五八億円となっており（図4）、全体の約七割がシカ、イノシシ、サルである。二〇一八（平成三〇）年度の森林被害の面積は全国で年間約六千ヘクタールとされ（図5）、その約四分の三がシカによるものである。水産被害は、河川・湖沼ではカワウによるアユ等の捕食、海ではトドによる漁具の破損等が深刻である。近年の被害額は減少傾向にあるとはいうものの、農山漁村への打撃は数字以上に大きいものだ。野外で食糧を生産する産業に、被害のリスクは必ずつきまとう。農作物や水産物は野生動物にとっても栄養価の高い食物であることによる。

昭和の時代は「被害を受けたら駆除しとけ」という

のがお決まりのパターンだった。それでフラストレーションを解消しておけということだろうが、被害の後に対処する駆除では被害を防ぐことにはならない。本末転倒で、本来の生産者の発想ではない。生産物を守るなら、被害を受ける前に予防しなくてはならない。活力のある農家なら、やられる前に藪を刈り、柵を張って確実に守っている。とはいうものの生産者が高齢化して活力が失われれば、次第に防除の力も弱くなり、被害は大きくなっていくものだ。とうとう根負けして生産活動を放棄したとき、その場の被害問題は終焉する。

ところが、放置された田畑には農作物の残渣が残り、藪が茂り、果樹も引き続き実をつけるので、圃場の跡地は野生動物のえさ場となり、隠れ場所となって、次に分布を拡大していくための小さな拠点と化していく。空間的に見れば農林水産業の現場は、市街地への野生動物の侵入を防ぐ防衛ゾーンとして機能してきたものだ。そこでの被害防除の取り組みこそが獣害問題の広がりを抑制していたのだが、現在の中山間地域は高齢化と人の撤退が深刻化して、野生動物の分布前線は広がるばかりである。

人身被害

野生動物が人の生活圏に入ってくると、これまでになく増えるのは人身被害である。本来、理由がなければ野生動物が人に向かってくることはない。しかし、追い詰められたり、何らかの理由で興奮

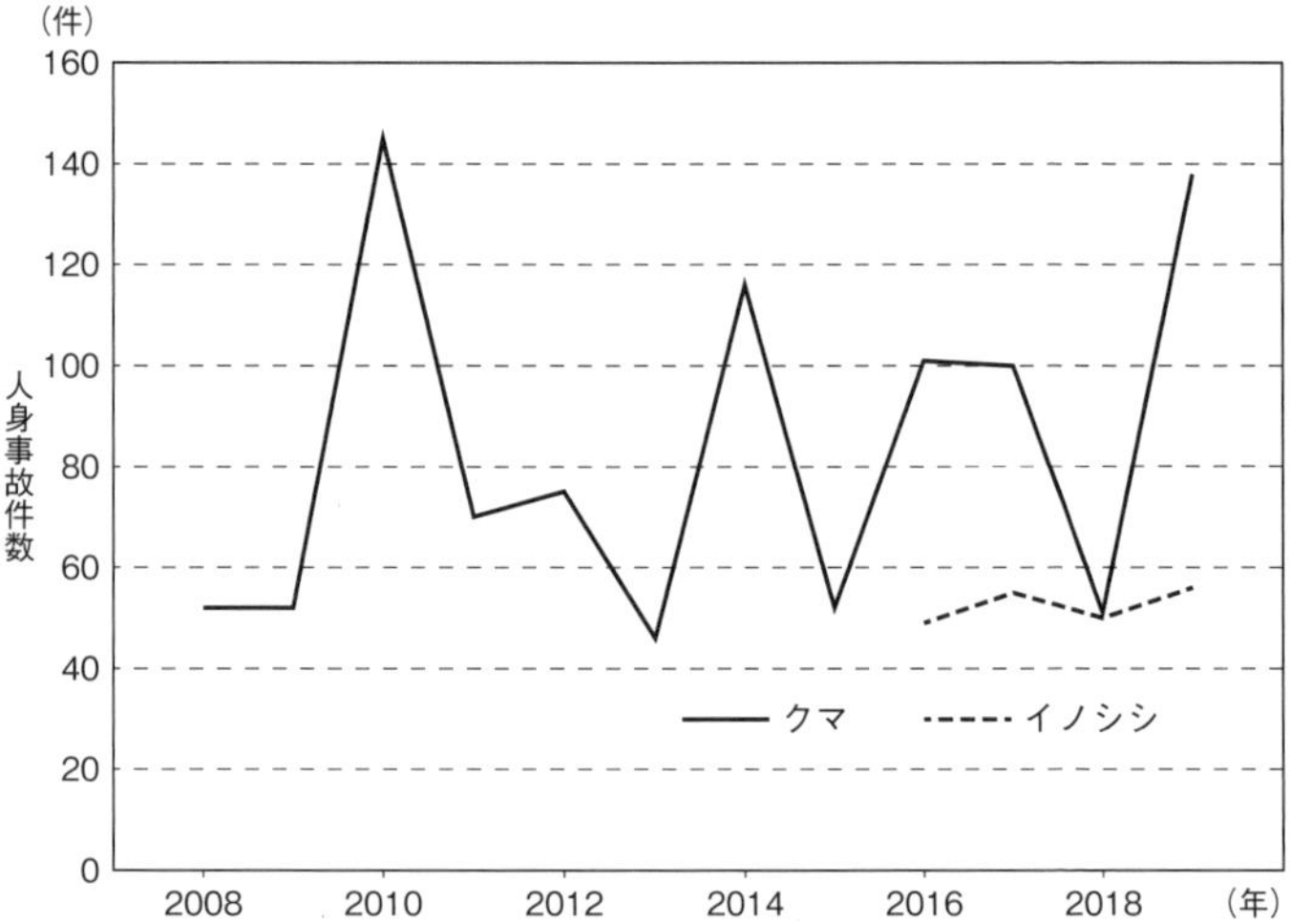

図6　クマ類とイノシシ人身事故件数の推移（都道府県から聞き取った速報値）。クマ類はヒグマとツキノワグマの合計値。人身事故が増加するイノシシは、2016年からウェブ上で数値が掲載されるようになった。
出典：環境省自然環境局野生生物課鳥獣保護管理室資料より作成

させられたりすれば、敵対心（あるいは恐怖心）が高まってアタックしてくるものだ。太い四肢ではたかれたり、けられたり、噛みつかれたりすれば、爪、牙、角が凶器となって人は大怪我をする。場合によっては出血多量で死に至る。

特に、二〇一九（令和元）年は、クマによる人身被害が相次ぎ、多くの都道府県で過去最高件数を記録した。イノシシも、被害や街中での目撃情報が急増し、直接襲われないまでも転倒して負傷するなどの被害があった、これら人身被害が深刻さを増していることから、クマとイノシシの人身事故件数については、環境省のホームページで統計情報が掲載されるようになった（図6）。

都会のカラスですら繁殖期になると人を襲うことがニュースになる。野生動物による人身被害は新しい出来事ではなく、昔から発生している現象であるけれど、これからの時代はその頻度が確実に高まってくるということだ。小さな子供が犠牲になれば悲劇ではすまない。その社会的責任を問われる対象はどこになるのだろうか。

交通障害

交通手段に対して野生動物が引き起こす損害も増加している。道路に動物が飛び出して車と接触事故を起こせば車は大破するばかりか、二次的に車や人との衝突事故を招く危険性もある。これらは人命に関わる問題であり、車両の損害も小さくない。また、線路に入り込んだ大型野生動物が列車に衝突すれば、車両が破損して大幅にダイヤの乱れが発生する。そんな事故が全国で増加している。集計されたものは確認できないが、ネットで検索する限り、年間五千件もの列車と野生動物の衝突事故が発生しているとの情報もある。

そのほかにも、航空機のジェットエンジンに野鳥が吸い込まれれば故障の原因になるので、空港では、以前から追い払いに苦慮している。輸送用にドローンが飛び交う時代もすぐそこだが、カラスの集団に襲われてドローンが落下する事故が起きれば、大破したドローンの損害どころか、落下した先で人を巻き込めば死傷事故につながる。その場合は誰が責任を負うのだろうか。集団ねぐらを持つカワウやムクドリのような野鳥は追い払いに苦労することから、攻撃性を高めたドローンを使って空中戦を展開するようになるかもしれないが、いずれにしても、ドローンを飛ばすためのルールの整備には、野鳥対策の視点が欠かせないだろう。

図７　琵琶湖北部の竹生島（ちくぶしま）のカワウによる森林被害。カワウのねぐらとなり、糞や枝折りで枯死してしまった木が目立つ。黒い点に見えるのがカワウ。

生活環境害

人の生活空間の中に野生動物が入り込んで引き起こす生活環境害と呼ばれる被害も増えている。ドブネズミ、クマネズミ、あるいは野良ネコと競争するように、カラスが街中でごみをあさる。それどころか、クマが家の中に入り込んで冷蔵庫を物色する。サルが部屋に入り込んで仏壇のおそなえを奪う。シカやカモシカが庭に入り込んで家庭菜園を食害する。イノシシが人の持っている買い物袋を奪い、緑地、芝地、田畑、畔、河川の土手、路傍など、手あたり次第に地面を掘り返す。ハトやムクドリの集団ねぐらは、街中で糞やにおいの害をもたらし、カワウやサギのねぐらとなった森林は、糞と営巣用の枝折りによって木が枯れ、無残な姿となる（図7）。これらはすでに始まっていることばかりだ。

この数十年の中で日本国内で増加している外来動物も問題となっている。ヌートリアが土手に穴をあけて護岸機能を弱体化させてしまうほか、電線を伝って移動できるほどに器用なハクビシンやアライグマが住宅の天井裏に入り込んで糞尿で汚す。古都では由緒ある寺社仏閣の柱にアライグマが無数の傷をつけている。タイワンリス（クリハラリス）は庭木の樹皮や電線の被覆まで齧ってしまう。

こうした出来事がこの先さらに増加して私たちの身の回りで日常茶飯になっていく。対応しきれなくなった人間はいずれ慣れていくのだろうか。現代人にそれほどの寛容さはないだろう。

また二次的な問題としては、神奈川県の丹沢山地など、各地で話題になる吸血性ヤマビルの分布拡大がある。ヤマビルに吸われると、一時、出血が止まらない。彼らは野生動物の体についてきてポロリと落ちながら、森から里地へと分布を拡大していく。何より雨上がりの路上に無数のヒルがうごめく光景は生きもの好きには興味深いものだが、一般の人にとっては実におぞましく受け入れ難いだろう。観光客だって遠のくというものだ。

そのほか、各地で急増する空き家がいろいろと問題の種となっている。空き家に野生動物が棲みつけば人獣共通感染症のリスクが高まる。そんな空き家はウイルスを媒介するダニや蚊などが繁殖しや

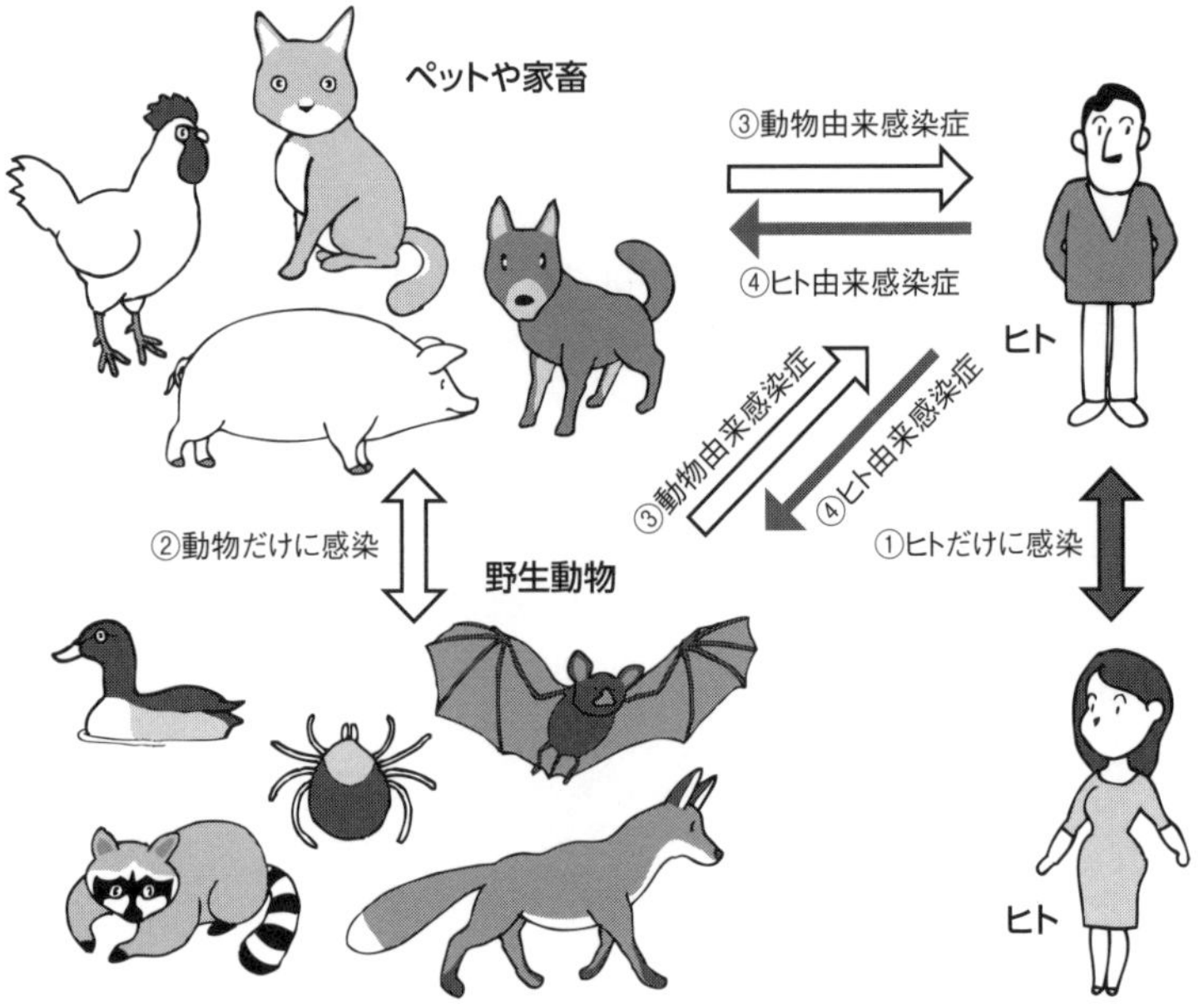

図８　人獣共通感染症とその感染ルート。③と④を合わせて「人獣共通感染症」と呼ぶ。

すくなるものだ。また、危険なスズメバチが巣をつくれば、家主不在で撤去もなかなか進まない。こうしたリスクのたまり場の対策は急がないといけない。

保健衛生害

先に書いた生活環境害とセットで登場するこの保健衛生害こそが最も厄介かもしれない。野生動物が人間の生活空間に深く入り込むことで、人と動物に共通する感染症（人獣共通感染症）を持ち込む確率が高まる。野生動物から、ペット、家畜を経由して、あるいは直接的に人間に病気が感染する（図８）。

国立感染症研究所（ＮＩＩＤ）のホームページを見ると、たとえばＳＦＴＳ（重症

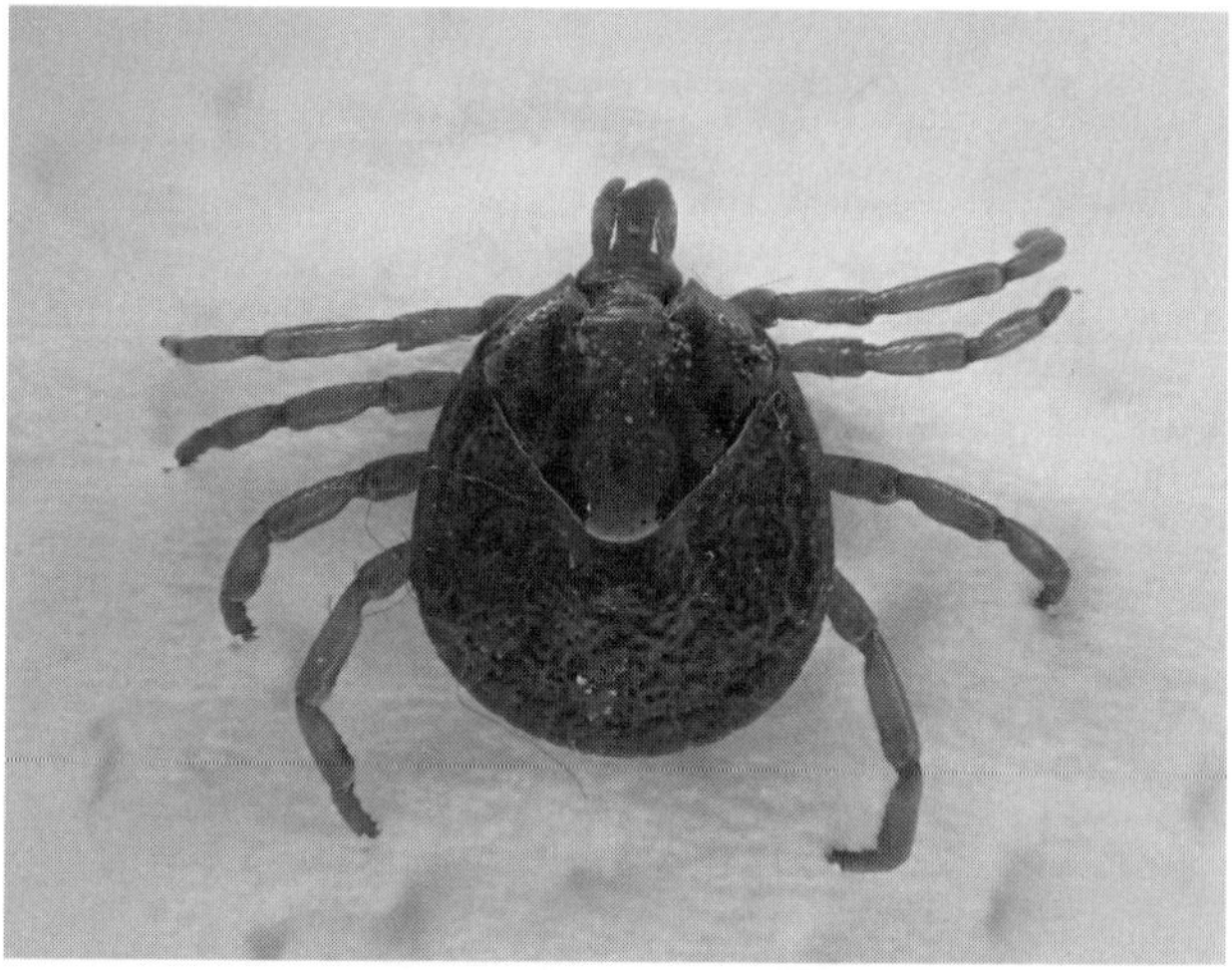

図９　タカサゴキララマダニ。SFTS を媒介するとされるマダニの１種。
写真提供：京都市衛生環境研究所。

熱性血小板減少症候群）というダニから感染する病気の患者は二〇二〇（令和二）年五月二七日現在で、合計五一七人。このうち死亡者が七〇人と報告されている。その感染者の分布は西日本から東日本へと広がっている。ＳＦＴＳは、主にマダニ（図９）に咬まれることで感染するが、野生動物によって人の生活圏の中まで持ち込まれたダニが、イヌやネコに寄生して、そこから人へと感染する可能性も高い。例えば、飼いイヌや飼いネコが、散歩途上に草の茂みから、あるいは野良ネコとの接触を通してＳＦＴＳウイルスを持つダニをもらってくれば、飼い主への感染の可能性が高まる。もはや都会の暮らしをしていれば安全という時代ではなくなった。

また、野鳥によって持ち込まれる高病原性鳥インフルエンザという鳥類の感染症がある。これは致死率が高いので家禽に感染が確認されれば殺処分となることから、家禽農家を恐々とさせている。今のところ人への感染リスクは極めて低いとされてはいるものの、ウイルスが変異して人に感染する新型ウイルスが出現する可能性もあることから、厳戒態勢がとられている。その脅威は、現在、世界を恐怖に陥れている新型コロナウイルス（COVID-19）によって証明されてしまった。こちらも元はコウモリなどの野生動物の体内にいたものが人に伝播し、人への感染能力を持ったと考えられている。

これらの人獣共通感染症については、国立感染症研究所のホームページに詳細が掲載されているほか、たとえば岡田晴恵著『知っておきたい感染症—二一世紀型パンデミックに備える』という本にも問題の深刻さが紹介されている。

家畜への感染症被害

鳥インフルエンザのような野生動物から家畜への感染症の伝播は一つの産業被害であり、食糧が国際的に生産・流通される現代では、社会経済に大きな影響をもたらす。

最近、日本で拡散を始めた豚熱《ぶたねつ》（ＣＳＦ、いわゆる豚《トン》コレラ）は、人間には感染せず、感染した豚の肉を食べても人体に影響はないものの、高病原性鳥インフルエンザと同様、家畜に感染すれば死に至るので、その拡散を防ぐために、急きょ、多くの豚を殺処分することになる。そうなれば畜産農家にとっては大損害である。豚熱が厄介なのは、野生のイノシシが感染して運び屋になることである。通常の家畜の感染症は、飼育施設の消毒等の徹底した管理によって早期に封じ込めることができるが、豚熱の場合は、感染した野生イノシシが自由に山の中を動き回って感染を拡大させていく。さらに感染イノシシがウイルスを含むよだれや鼻水をまき散らした山に人が入れば、靴の底にウイルスをつけた運び屋になってしまうという、厄介なことになる。

二〇一八（平成三〇）年に岐阜県で発生した豚熱は、一年で関東圏まで広がり、二〇二〇（令和二）年七月には、東京都青梅市で捕獲された野生イノシシから確認された。さらに沖縄県にも飛び火した。国際的に豚熱清浄国でなくなるのを恐れてワクチン投与を躊躇したせいで、豚熱の感染拡大はいまも続いている。これに追い打ちをかけるように、ロシアや中国などで猛威を振るっているアフリカ豚熱（ＡＳＦ、いわゆるアフリカ豚コレラ）の侵入も危惧されている。アフリカ豚熱には今のところワクチンがなく、日本に侵入すれば養豚業にとって大打撃は避けられず、国内の空港や港では水際対策に追われている。

これらの人獣共通感染症が広がれば、その対策には莫大なコストがかかる。まさに災害といってよい。その大変さを考えれば、まずは社会のありかたとして、人間の生活空間で感染確率を下げる努力をするしかない。そのための予防措置として、野生動物との棲み分けを強化することこそ、まずは必要であると考える。相手はウイルスであり、運び屋は広域に移動する野生動物であるからこそ、やみくもに闘いを挑むより、けっして侵入させないゾーンの範囲を明確にして防衛するほうが効率はよいはずだ。

変化する野生動物の分布

日本の自然は二〇世紀の後半から予想もしなかった方向へと変化を始めた。減っていると思われていた野生動物がいつのまにか増加して、知らないうちに分布域が拡大していた。それは一九九〇年代の初めの頃に、うわさ話のように聞こえてはいたものの、野生動物の研究者も、自然保護の活動家ですら問題の深刻さを理解していなかった。開発に抗って自然を護らなくてはならないという意識のほうが、うんと強かったためだろう。その固定化されたイメージを切り替えるにはずいぶんと時間がかかった。まして、行政が政策レベルで切り替えを図るには、根拠となる客観的なデータが必要だった。

一九七一（昭和四六）年、環境省の前身である環境庁が設置された。当時、経済の高度成長に伴って深刻さを増していた公害問題の解決を主目的としつつ、林野庁や厚生省に分散していた自然環境保全の業務を集中させて新設されたものである。また、翌年には自然環境保全法が誕生した。これは実態を把握することの難しい自然環境を継続的にモニタリング（追跡調査）することを法律で担保した、画期的なものである。

この法に基づいて一連の自然環境保全基礎調査が開始され、日本を代表する中・大型野生動物である、ヒグマ、ツキノワグマ、シカ、イノシシ、ニホンザル、キツネ、タヌキ、アナグマの八種について、初めて全国分布調査が行われた。それまでは、常に野生動物と向き合っている狩猟者たちの経験に基づいて、たとえば動物を獲った場所とか、獲物が少なくなったといった情報が、唯一の生息状況の手掛かりとされてきたことからすれば、国が五キロメッシュ単位の細かい動物分布調査を実施したこと自体が画期的なことだった。そして、一九七九（昭和五四）年にその結果が公表されたとき、野生動物の分布域が人為的に抑え込まれており、地域的には危機的状況にあることが明らかとなった。その客観的な分布図によってはじめて、個人のレベルではなく、社会が実行する野生動物の保護というものが意識され、少しずつ具体化されていった。

ところが残念なことに、モニタリングという自然環境保全基礎調査の趣旨に反して、大型野生動物の分布のその後の変化を目にするのは二五年も先の二〇〇四（平成一六）年まで待たなくてはならなかった。あまりに時間が空き過ぎだった。そのせいで、現在、起きている問題を軽微な段階で押しとどめるタイミングを逸してしまった。

気づけなかった分布拡大

たとえば農業被害の発生は分布拡大の一つの指標になるものだが、彼らは、本来、姿を見せないので、それまでいなかった動物の被害ともなれば、農家が動物種を特定することは難しい。また、農業被害は作物が実をつける特定の時期に発生する。その被害も年によって発生したり、しなかったりするので、頻度は場所ごとにばらつく。おまけに市町村で集計されて県の統計上で表現されるのは一年も先になるので、被害が増加しているとか、拡大しているといった現実に気づくのは遅れてしまうものだ。その間にも、相手の分布域はじわじわと広がっていく。

野生動物の分布前線が手前へと広がっていることに最初に気づいたのは、おそらく、長年、狩猟や駆除に向き合ってきた地元の狩猟者たちに違いない。行政機関に野生動物の専門職が設置されている自治体はほとんどないので、数年で異動する県や市町村役場の担当者に、その変化に気づけといっても無理というものだ。おまけに一般社会では自然保護の意識が強くなっており、命を最優先にする愛護的思想を持つ人も増えていることから、鳥獣行政の担当者は、被害者に向き合う一方で、愛護団体にも向き合っている。そんな板挟みの日々に追われるうちに、現場で起きる問題の本質を読み取ることができないまま異動の時期を迎える。

そんな状況なので、危機に気づいて予防的に対処するというような、理想的な判断を行政に求めることは、そもそも無理な相談だった。こうして、昭和の終わりから平成半ばにかけての四半世紀の間、私たちがその変化をとらえられないうちに、野生動物は確実に分布を広げていた。

絶滅の危機にあったカモシカの現在

カモシカと聞けば、アフリカに棲むガゼルのように、すらりと足の伸びた動物がおなじみだろう。とはいえ彼らはみなウシの仲間である。ニホンカモシカ（図10）は、少しは牛らしく、ずんぐりで、見るからに心地よさそうなふさふさした毛皮に覆われ、オスもメスも生え変わることのない短い角を

図10　ニホンカモシカ。撮影地：富山県。

持ち、その年輪から年齢を知ることができる。がんこなナワバリ性の持ち主で、シカのように群れることがない。普段はあまり動かず、急斜面に孤高にたたずみ、ずっと植物を反芻する姿がおなじみの撮影ショットになっている。だから捕獲されやすい。

昔は、良質の毛皮と美味な肉、釣りの疑似餌にもなる角まで高く売れたので、狩猟を生業としたマタギの一番の獲物はクマではなくカモシカだったことが知られている。ところが明治以降に毛皮が高騰し、捕獲が過度になりすぎたこともあって、めったに出会えない幻の動物と言われるほどに減ってしまった。そのことから、一九三四（昭和九）年に文化財保護法の天然記念物、一九九五（昭和三〇）年には特別天然記念物に指定され、手厚い保護の対象になった。戦中戦後であったから、一般の人々の意識の中では国の文化財といえば天皇の所有物に等しい。警察による密猟摘発も強化されて、保護の効果はてきめんに現れた。

増加に転じたカモシカはやがて林業被害を出すようになった。手厚い保護によってカモシカが増えた時期と、戦後の積極的な林業政策によって植えた苗木が成長し、幼齢木の新芽がうまくカモシカの口元に届く時期が重なったせいである。造林木の芽を食べる被害が増えたというのに、特別天然記念物の駆除は絶対に認められなかった。そのため林業の被害者団体が国（文化庁、環境庁、林野庁）を相手に訴訟を起こすほどの大問題となった。それは、やがて科学者も自然保護団体も加わる大論争となり、日本の自然保護史における前代未聞の事件となった。

結局、しばらくしてヒートアップしていた論争が沈静化した頃、実のところ、我々はカモシカについての科学的・客観的情報をまるでつかんでいないではないか、このままでは解決の方向が見いだせないとの見解が共有されるようになり、国による基礎研究事業や全国的なモニタリング調査が継続的に実施されるようになった。このことは野生動物を科学的にマネジメントする方向へと、日本の鳥獣行政を導くきっかけとなった。さらにその思想は、鳥獣法（鳥獣の保護及び管理並びに狩猟の適正化に関する法律）の基本理念に取り込まれ、特定鳥獣保護管理計画制度の設置などにつながっている。現在、その理念が現場にしっかり定着したとは言い難いが、現場での科学性の担保こそが、野生動物の問題を解決していく鍵を握っていることは間違いない。

その後、カモシカは分布拡大を続け、現在の東北や北陸では、林道を走ればあちこちでたくさんのカモシカに出会う。地域によっては海岸にも出没する。半世紀ほど前なら山奥でなければその姿を見られなかったのだから、その時代を知っている者には信じられない光景である。カモシカ激増という事実は、減ってしまった野生動物の集団を回復させるために、捕獲の規制が絶大な効果を持つということ、逆に見れば、人による捕獲行為が動物の増殖を抑え込む、非常に大きな効果を持つということの歴史的証明となっている。

付け加えておくが、西日本のカモシカについては、まるで増える兆しは見られない。その理由はシカの増加による植生の変化や種間競争によるものであるとか、シカやイノシシに対する捕獲強化策の影響によると考えられており、判断が難しい。

絶滅に瀕したツキノワグマ

日本には北海道に大型のヒグマ、本州以南にやや小型のツキノワグマという二種類のクマが生息している（図11）。このうち九州のツキノワグマは昭和時代に絶滅し、四国のツキノワグマも数十頭と推定されるほどに減って、現在でも絶滅寸前の状態にある。このことは、繁殖率の低いクマという動物が、いったん個体数が減って小さな集団になってしまうと、回復が困難になることの証であり、環境省は分布域が分断されて孤立性の高まった集団を、レッドリストの「絶滅のおそれのある地域個体群」に指定して、一九九〇年代から保護の政策を強化してきた。

図 11　クマ類の国内の分布。北海道はヒグマ、本州・四国はツキノワグマ。明らかに分布は拡大傾向にある。
出典：環境省自然環境局生物多様性センター

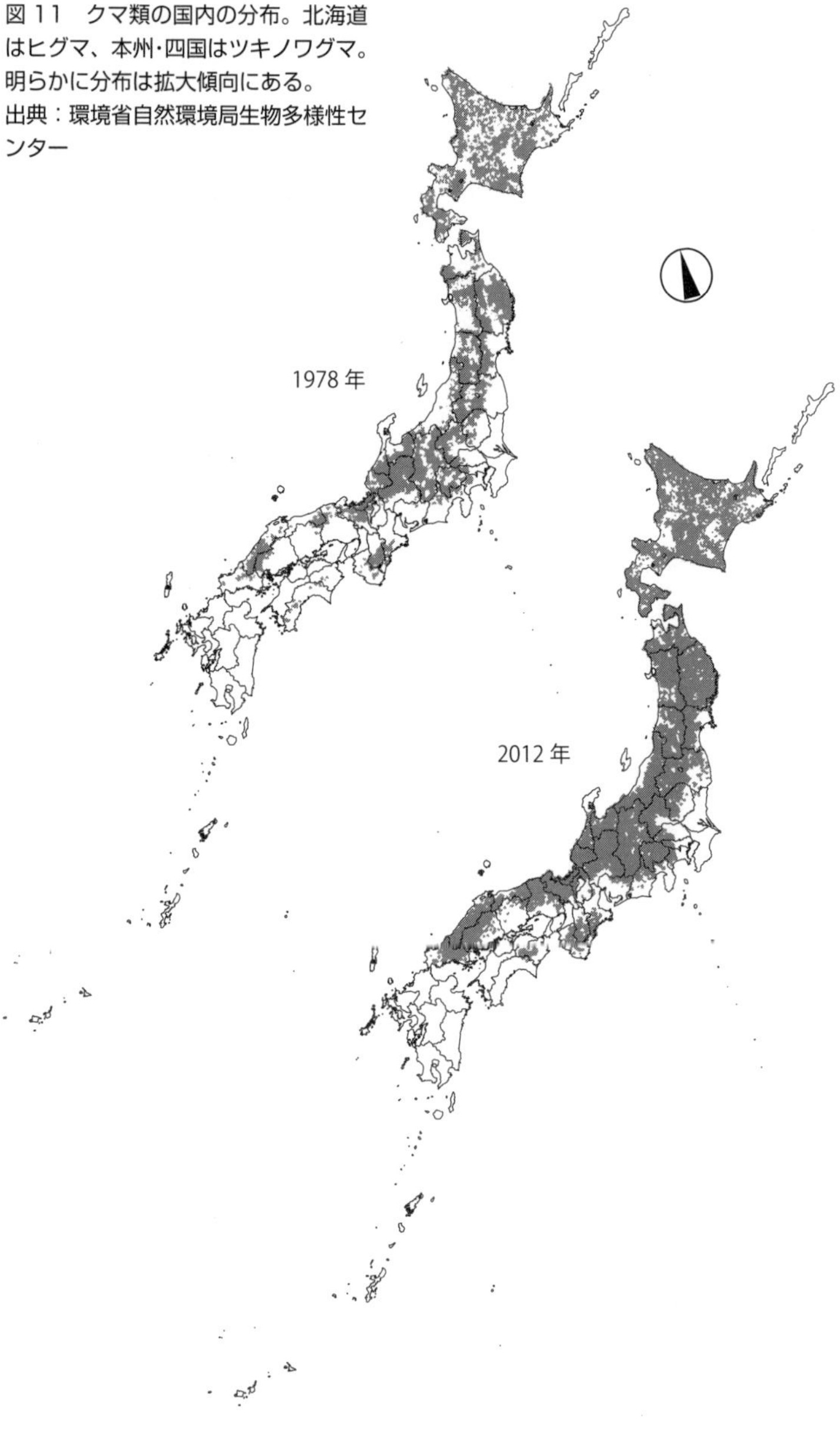

ところが現在、日本列島の各地でツキノワグマの分布が大きく拡大傾向を示している。この半世紀ほどの変化の中に、日本の代表的大型動物であり、かつ人を襲うこともある猛獣ツキノワグマとのつき合い方のヒントを見いだすことができる。

一九六〇年代あたりから、西日本でツキノワグマによる植林木の樹皮を剥ぐ被害が目立つようになった。クマハギと呼ばれるその被害に遭うと、一本丸ごと木材の換金価値が失われてしまう。しかも一度に何本もの樹皮を剥ぐので、クマハギは莫大な損失となる。そのため中部山岳地帯の南部、近畿地方の北部、紀伊半島、四国、といった伝統的な林業地帯では、山の中にたくさんの箱ワナを置いて（図12）、一年を通して徹底したクマの駆除を行った。このことがクマの減少につながったことは間違いない。

図 12　箱ワナ。クマなどの動物が入って作動装置が働くと、扉が落ちて閉じ込められる（構造などは p.125 の表 2 も参照）

さらには、こうした伝統的林業地帯では早くからクマに適した広葉樹林から針葉樹の人工林に転換されたので、クマに食物を提供する生息環境としての質や量が低下していたとも考えられる。そのため冬眠前に食い貯めて皮下脂肪として栄養を蓄え、出産や育児につなげる成獣メスにとって、繁殖に成功する確率が下がった可能性もある。繁殖成功率が低ければ、駆除の圧力に敗けて個体数は減る。
フォッサマグナに象徴される東西日本の境に位置する南アルプスの静岡県側は、昔から林業の盛んな地域であり、箱ワナ駆除も積極的に行われた。その結果、クマの分布域が時代を追って大きく後退した。ところが県の方針で駆除が制限された一九九〇年代以後、南アルプス北部からの新たな個体の進入（供給）によって、今ではその分布域が完全に回復している。

それと異なる様相を見せたのは、やはり伝統的に林業の盛んだった四国である。こちらもツキノワグマの箱ワナ駆除が徹底して行われた歴史がある。しかし、NPO法人四国自然史科学研究センターが苦労して調査を続けているにもかかわらず、現在でもその個体数は数十頭に満たない。静岡県との違いがあるとすれば、海に隔てられた、より狭い閉鎖系であるがゆえに新たな個体が供給されないことによると考えられる。このことからも、ツキノワグマの生存にとって分布の連続性がいかに重要であるかということが証明されている。

もう一つ重要なことは、駆除の強化でクマハギ被害に対抗してきたにもかかわらず、半世紀を経た現在、不思議なことにクマハギ被害が西日本から東日本の東北地方にまで広がったことである。それはクマの行動習性の文化的伝播とでもいえる現象であるが、原因はつかめていない。後継者を失って、森林の手入れのために頻繁に山に入る人が減ったせいだという、人間の側からの理由が想像されるのだが、検証された根拠があるわけではない。

ツキノワグマの分布回復

東北から関東北部、さらには中部山岳地帯から北陸にかけて、東日本の山岳地域では、昔からツキノワグマをたくさん捕獲してきたにもかかわらず、分布の連続性が途絶えたことはなかった。その理由は、標高の高い奥深い山が連続していること、降雪量が多いため人の入り込みが西日本よりも制限されてきたことによるだろう。その結果、ある年、特定の地域で過度な捕獲圧がかかったとしても、広く連続的な分布域にたくさんの個体が生存していることで、少しばかり時間をかければ適した密度まで個体数が回復する可能性が保証されていることによる。

また、雪の多い地域ではクマを獲る狩猟者の意識が違うことも幸いしている。そのような地域には冬眠後のクマを大事に獲ってきた伝統文化がある。それは、物を食べない冬眠中に消化液の胆汁が使われずに溜まった大きな胆のうを得るためで、それを干したクマノイ（熊の胆）が漢方の世界で高価に取り引きされてきたことによる。そのため、たとえ林業被害があるとしても、価値の低い夏の時期に、奥山にたくさんの箱ワナを仕掛けてクマを獲り尽くす、西日本のクマハギ対策に見られる駆除の論理は入り込めなかったと考えられる。それは今で言う持続可能な狩猟である。残念ながら、マタギ猟師の減少によってそのことも怪しくなりつつあることは付け加えておく。

近年の分布変動から読み取れるもう一つの理由は、過疎の進行との関係である。たとえば中国山地の東西に分かれていた集団どうし、下北半島に孤立していた集団と八甲田山の大集団、紀伊半島の集団と北近畿方面の集団、それらが分布の連続性を回復し始めていることだ。また、クマが消えていた、青森県の津軽半島、石川県の能登半島、京都府の丹後半島、伊豆半島の基部の箱根でも個体の目撃事例が相次いでいる。こうした現状は明らかに過疎による人の活動量の減少の裏返しとして読むことができる。

二〇一八（平成三〇）年は興味深い年で、北海道の利尻島で海を泳ぎ渡ったヒグマの足跡が確認された。また、宮城県の気仙沼湾にある大島へと泳ぎ渡るツキノワグマが撮影された。イノシシが瀬戸内海を泳ぎ渡ることは以前から知られていたことだが、クマが海を泳ぎ渡る話は聞いたことがなかった。ひょっとしたら、二二世紀になる頃には、本州であふれたツキノワグマが四国や九州に泳ぎ渡る時がくるかもしれない。その頃の日本列島の人口分布は予想もつかないが、それぞれの土地にクマの健全な集団が生きていける自然が再生していたのなら、自然の流れでクマが分布を回復する可能性もあるかもしれない。

それは、その時代の人々がどんな自然観を持っているか、ということにかかっている。未来の人々は、日本の生物多様性の重要な一員であるクマの復活を受け入れられるだろうか。今から議論を始めても早すぎることはない。

猛獣クマの駆除数の増加

現在、日本列島のツキノワグマの分布域は着実に回復を続けている。ところがそうした分布拡大は人との軋轢を増やしている。環境省の捕獲統計に記録されるツキノワグマの捕獲数は、昭和の時代に三〇〇〇頭で多すぎると問題視されたものだが、平成の時代に入るとさらに増加して、二〇一九（令和元）年には五〇〇〇頭を超えた（環境省値で五一五三頭）。それでもなお分布は確実に回復を続けている。その理由とは何かということを考えることが重要である。

近年の目撃情報からすると、クマが人の生活空間を横断したに違いない現場が増えている。都市的な空間でさえ白昼堂々とクマが姿を現すという、二〇世紀にはありえなかった現象まで発生して、人とクマが遭遇する確率は高まる一方だ。人間に対するクマたちの警戒心が薄れてきたのではないかと心配になる。しかも頻度の増加を考えれば、もはや特異な個体の話とは言えない。

昭和の時代にも、クマの大量出没現象が「異常出没」としてメディアに取り上げられることはあった。しかしそれは、地域ごとに見れば五年から一〇年の間隔で発生する自然現象であり、異常ではないが特異な出来事だった。現在は、その大量出没の発生頻度が明らかに増えている。今世紀の特徴は初夏から目撃数が増えることにある。そのため「冬眠に向けて食いだめをする秋に、山の木の実の成りが悪いから、餌を求めて里にクマが出てくるのだ」という、前世紀のお決まりの説明が通用しなくなっている。

おそらく、過疎によって人が消えた空間を利用するうちに、そのまま里近くを自分の行動圏と認識して棲みついてしまった個体がいるのではないか。さらには、そんな母親に連れられて、生まれたときから人里を当たり前のように利用して成長した個体が増えて、その目撃や被害の発生頻度が季節を問わず増えている可能性も考えられる。そのうえ秋になって、山の結実不良が発生した年ならば、奥山から出てくる個体が加わって、通常よりも多くのクマの出没につながっているとも考えられる。地域それぞれに条件が異なるので一概には言えないが、全国の山間部の人の減少にはそれほどに著しいものがある。

クマと人の遭遇頻度が高まれば、死亡事故も含めた痛ましい事件につながる。そんな事件が起きれば、駆除がエスカレートして止まらなくなる。先にも書いたが、以前なら多くても年三〇〇〇頭規模の捕獲数であったものが、最近は五〇〇〇頭に達する年もある（図13）。繁殖率の低い大型動物に対して、これほどの捕獲数が頻繁に続くと、その影響は軽微ではない。それは人に出会ってしまったクマにとっても悲劇というものである。

たとえクマの分布域が広がって目撃数が増加しても、山の中にどれほどの個体数がいるのかはわからない。実は、シカが増加していることも心配の種である。というのは、シカの食圧によって森林の劣化が進むと、山の中ではクマの食物となる植物が減るので、里の環境に依存する個体が増えることが考えられるからだ。その場合、里に出てくるクマをどんどん獲ってしまえば、見かけ上は出没頻度が増えていても、実は、山の中のクマは減っているというような事態もありうることだ。繁殖率の低

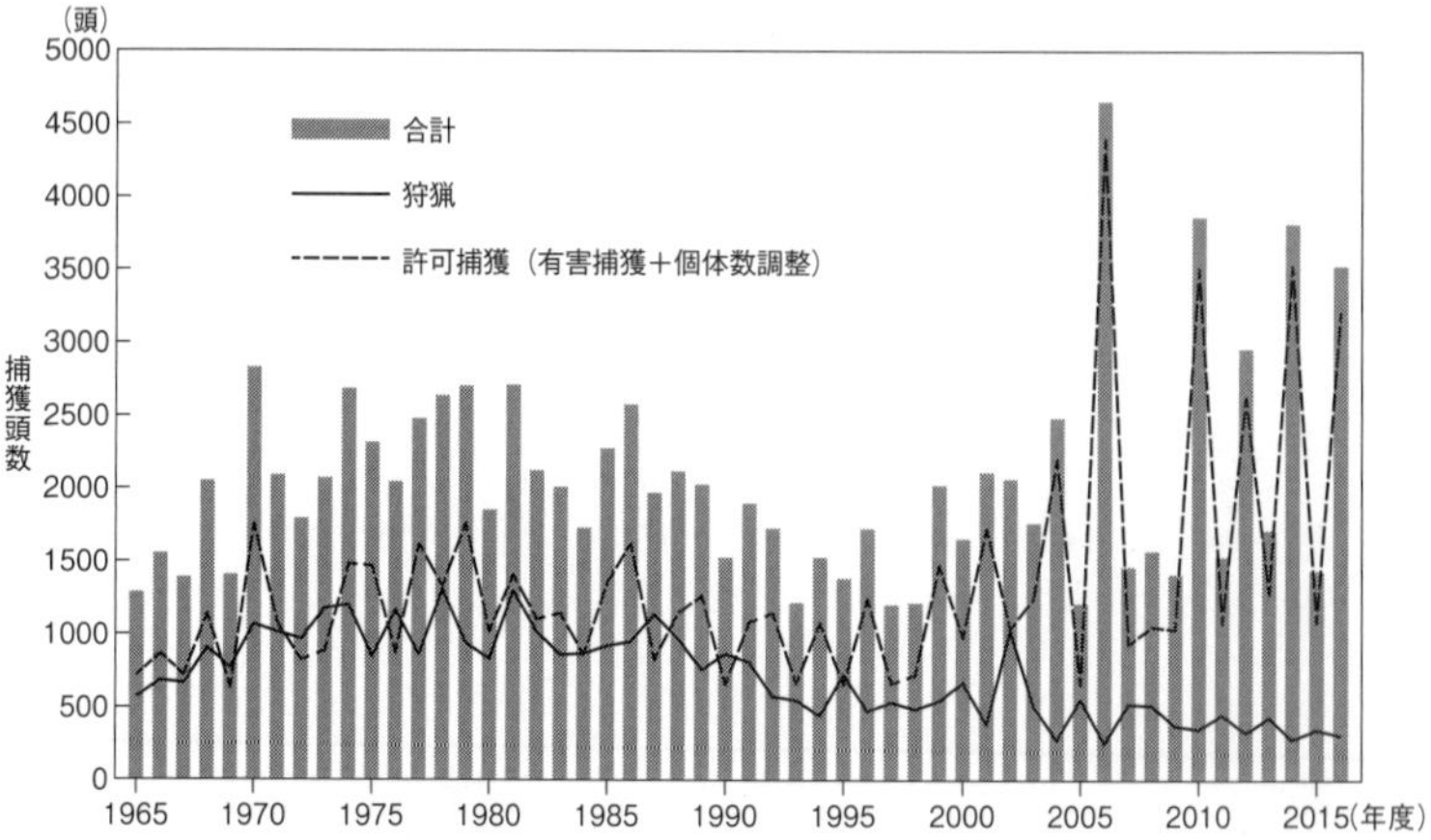

図 13　ツキノワグマの捕獲数の推移。許可捕獲数とは、1999 年度までは有害捕獲数のことで、2000 年度以降は有害捕獲に個体数調整を加えた合計値である。平成初期から地域によって狩猟自粛が行われるようになったために狩猟数が減り、以後、許可捕獲がほとんどを占める。
出典：環境省鳥獣関係統計

い動物だからこそ、捕獲数の増加が進むことについては慎重でなければならない。

ところで、あるクマの集団（個体群）に対してどれほどの捕獲数までは許容範囲であるかということは、捕獲の管理のあり方として知っておきたいところである。ところが、精度高くクマの個体数を知ることは難しい。基本的に密度が低い動物なので、データを得られる確率が低い。おまけに急峻な地形の森林内では発見も難しい。これまでに有刺鉄線で体毛を採取して遺伝子で個体識別するとか、自動撮影カメラで胸の白斑を撮影してその形で個体識別するとか、いくつか方法は試されてきたものの、人口減少で自治体の財政難が避けられないこともあり、広範囲に何台もの仕掛けを設置して回収するような大規模な調査を実行することは、予算面から困難になっている。

そんな状況だからこそ、たとえ猛獣であっても、駆除してしまえばいいという判断は、生物多様性保全の時代のあり方として正しくない。また、被害が起きたら駆除するというこれまでの防除のあり方は、そもそも本末転倒である。住民の命に関わる問題は未然に防がなくてはならない。だからこそ、あらかじめ害獣と人は遭遇しないようにすることだ。そのことを突き詰めれば「棲み分け」の強化という結論に行き着いてくる。予防的対策こそ人の安全を確保する大前提である。

街中に居座るイノシシ

人の生活空間に馴れる能力において、イノシシははるかに長けている。そのことは、古くから人に飼育された動物、その先で豚に品種改良された動物であるという事実からも納得できる。イノシシは繁殖力が強く、たくさんの子供を産むので、増加して密度が高まれば分布を拡大する勢いが増す（図14）。もはやイノシシは山にこもる動物ではない。農地に出て、市街地に居座り、平地を席巻した先では、海を泳ぎ渡っていく。

こうしたイノシシの出没現象については、すでに二〇〇二（平成一四）年の段階で広島の中国新聞が「猪変」という特集を組んで社会に問い続け、二〇一五（平成二七）年に本として出版されている。これは野生動物の分布拡大を、自然科学ではなく、社会問題としてとらえた貴重な資料である。余談になるが、この手の記事はときどき地方新聞社で特集される。たとえば一九九〇年代に岩手日報社の

図 14　国内のイノシシの分布拡大状況
出典：環境省自然環境局生物多様性センター

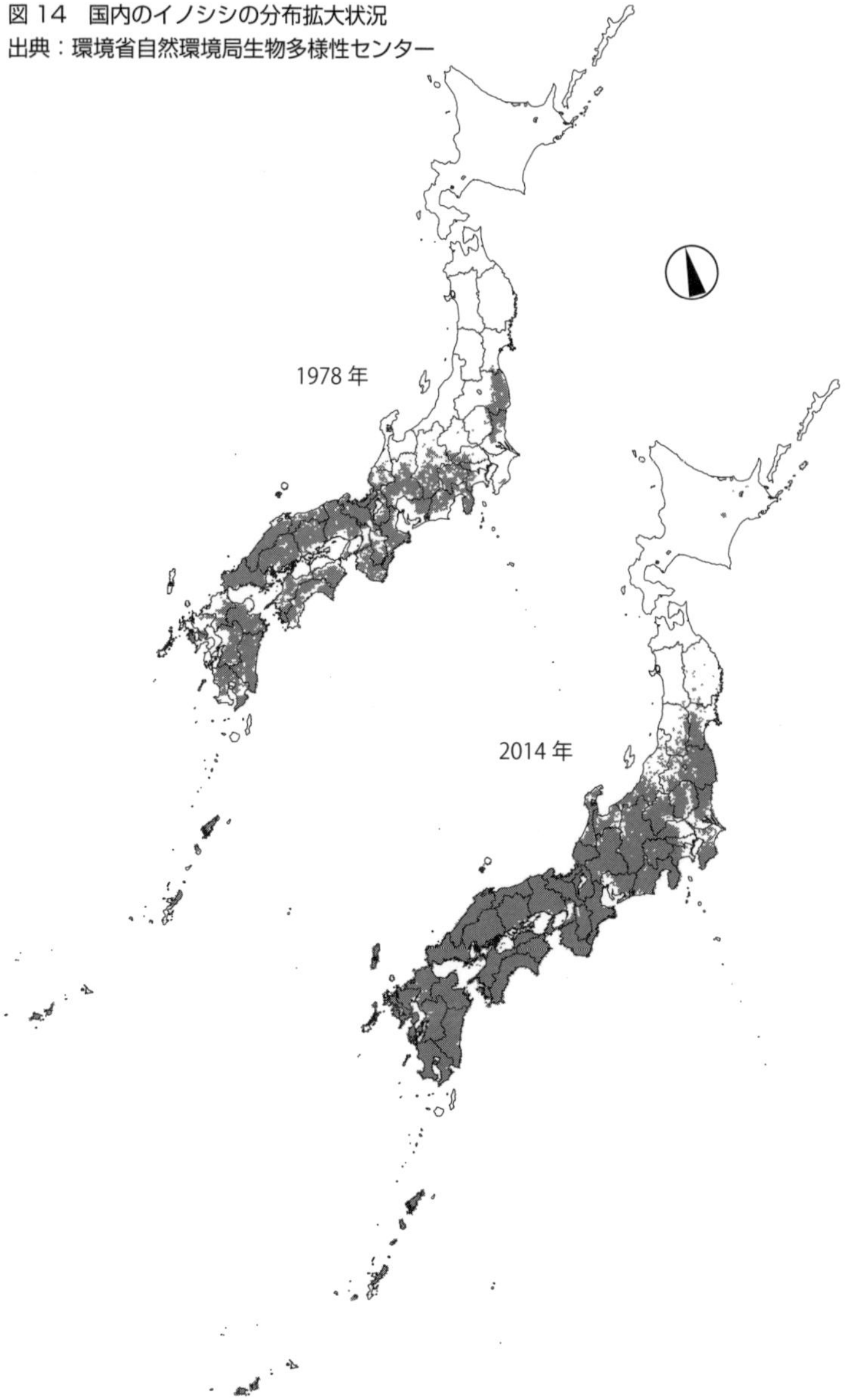

東根千万億記者が書き残した『SOSツキノワグマ』は、動物の研究者とは異なる、冷静なジャーナリストの目線で野生動物を社会問題としてとらえた貴重な資料であり、自然保護（コンサベーション）のあり方としては本道を行く。

図15　神戸市内の住宅地に現れたイノシシ。写真提供：神戸市。

話をイノシシに戻すが、神戸の市街地に現れるイノシシの問題は人馴れの最も極端な姿を示している。もともと、一九七〇年代に六甲山で始まった野生イノシシへの餌付けが発端となり、それが常態化して人に馴れ、山の中から街中まで出てくるようになった（図15）。イノシシが庭を荒らす、ゴミをあさるなどの被害がひどくなったことから、神戸市は二〇〇二（平成一四）年に餌付け禁止条例をつくり、市民に向けて餌付けの禁止やごみ出しルールの徹底などをアピールしている。それにもかかわらず、複数の住人が餌付けを続け、イノシシの人馴れは改善されないまま人身事故まで発生している。

コンクリートで覆われた河川を移動路として使い、神戸市街の真ん中まで出てきて餌をもらい、今では六甲山の一大観光スポットである北野異人館街でも、人通りの多い時間帯はちょっとした木陰に潜み、夜になると市街地を闊歩する暮らしをしている。コンビニの前で買い物袋をひったくるどころか、指をかみちぎられる事故まで発生している。

神戸市の事例はいつしか特別なことではなくなって、全国各地で起きるようになった。二〇一四（平成二六）年一一月の通勤ラッシュ時に、東京都府中市のJR武蔵野線の列車にイノシシが衝突している。二〇一九（令和元）年一二月には、東京都足立区、埼玉県富士見市と相次いで出没し、大捕り物となった。その数日後には東京都八王子市の住宅地にイノシシが現れて、ニュースになった。

また、今世紀に入る頃から瀬戸内海の島々に泳ぎ渡るイノシシが目撃されるようになり、四国の海岸に上陸して港から市街地へと侵入している。長崎県の外海にある五島列島でも、二〇一〇（平成二二）年以降イノシシが増えているが、人が放獣していない限り、イノシシが泳ぎ着いたことになる。雪が制限要因となって生息できないと考えられていた北陸や東北の山間部でさえ、数メートルも積雪するような場所に潜んで冬を越すイノシシが確認され、次第に増えている。こんな場所で厳しい冬をどのように生き抜いているのか、実に興味深い研究テーマでもある。これまで未知だったイノシシの生態の新たな姿が見え始めている。

こうした勢いのある急激な分布拡大の途上で、イノシシによる人身事故も次第に増えている。環境省は二〇一六（平成二八）年から、クマに続いてイノシシによる人身被害件数をホームページ上に掲載するようになった（図6参照）。すべての件数が報告されているとは思えないが、それでもすでに、人身事故は年間五〇件前後、被害人数は八〇人ほど、そして二〇一八（平成三〇）年には二人の死亡事故まで発生した。イノシシはクマと同様の危険性を持つ野生動物だということだ。

このように全国各地で都市部の中心にまで堂々とイノシシが出てくる状況は、人への警戒心を持たなくなっていることを示すものである。狩猟者や猟犬に追い回された昭和の時代にはありえなかった現象である。その頃の野生動物の脳裏にインプットされていた人への警戒心こそ、両者の遭遇を回避してトラブルを避ける重要な意味を持っているはずである。

3章　分布拡大の理由

分布拡大の理由を考える

世界中で多くの野生生物が絶滅に瀕しているというのに、日本の大型野生動物が分布を拡大し続けている理由とは何なのか、人口減少に関係するといっても、何がどのように関係してこうした現象が起きているのか。きちんと理解してかからないと改善の方向を見いだせない。

野生動物が分布を拡大し続けている理由は、あくまで人間の側の変化によるもので、野生動物はその変化に素直に反応しているにすぎない。まずは、この認識を受け入れていただきたい。そう推論する根拠は、野生動物の生存を左右する重要な要因の一つが彼らの生息環境への人間の関与であり、もう一つが人間の捕獲の強度にあるということである。

人類の歴史と野生動物の盛衰が深い関係を持ってきたということは、たとえば三浦慎悟が著す『動物と人間—関係史の生物学』で掘り起こされた、たくさんの歴史的事実の中から読み取ることができる。代表的な例として、多神教のアニミズム的古代宗教からキリスト一神教に切り替わっていく過程で、ヨーロッパでも北米でも森林が切り拓かれ、人や家畜を襲うヒグマやオオカミが駆逐されていったことや、市場経済が発達する過程で、資源的価値の高かった羽毛や毛皮を得るために鳥類や毛皮獣が乱獲されて消えていったことなどが挙げられる。日本のアホウドリやトキが絶滅寸前になったことも、カワウソやニホンオオカミが消えたことも同様の理由による。

では、最近の数十年という短い時間の中で、日本の大型動物の分布が拡大を始めた理由とは何なのか。もちろん食う食われるの種間競争や、種それぞれに特異的に発生する感染症の影響など、ある種が減ってある種が増えるという人間の直接的な関わり以外の要因も考慮する必要はあるが、少なくともこの平成の三〇年間のうちに、人間の関与以外の要因が科学的に確認された事例はない。

では、現時点で、日本の大型野生動物の分布を拡大させている人間の側の理由とは何なのか。それを探る最も大きなヒントが、この国で始まった人口減少にあることは間違いないだろう。

人口減少のプロセスをたどる

1章で紹介した通り、日本全体の人口は明治以来増加を続けて、二〇〇八（平成二〇）年にピークを迎えて減少に転じた（図1参照）。しかし、大型野生動物の分布拡大はそれより以前から始まっている。そこに三つほどの理由が考えられる。

一つ目の理由は過疎である。農林水産省は、農業地域類型区分として、都市的地域、平地農業地域、

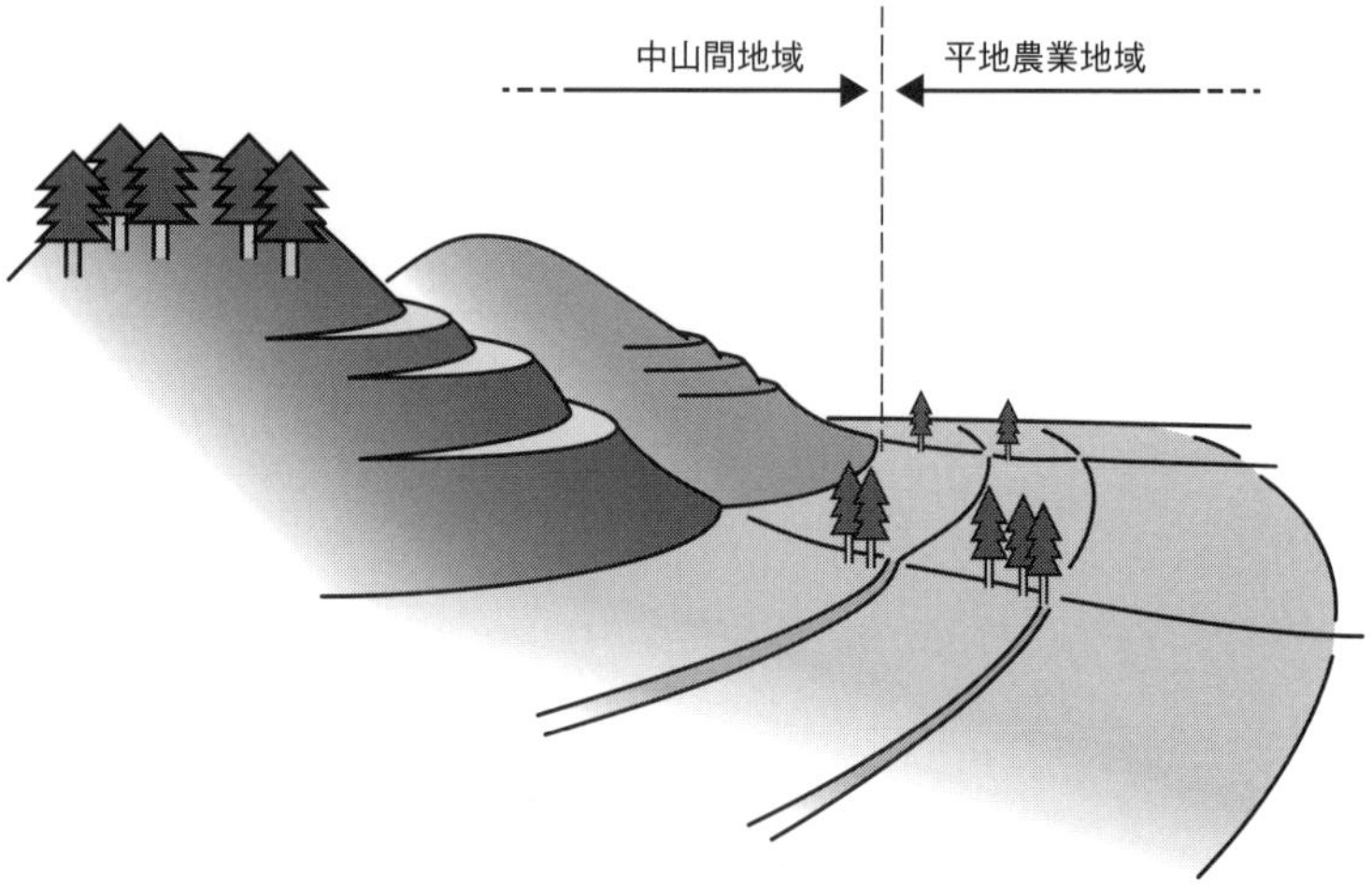

図 16　中山間地域とは、中間農業地域と山間農業地域を合わせた地域を指す。
出典：農林水産省ウェブサイトを参考に作図。

中間農業地域、山間農業地域の四つを挙げ、後二者の農業生産条件の不利な地域をまとめて「中山間地域」と呼んだ（図16）。一九六〇年代に高度経済成長期に入ったとき、生産活動の不利だったこの地域の労働力の多くが都市部に吸収されていった。その結果として過疎問題が始まった。そして、中山間地域から外へと野生動物があふれ出すという現在の私たちが直面する現象は、昭和の時代にこれほど頻繁には起きていなかったことを振り返るなら、平地と山が接する境界で営まれていた人間活動、過疎によって次第に衰退してきた人間活動こそが、野生動物の出没を抑え込んでいたと推論するのは間違いではないだろう。

もう一つの理由は、日本経済の動向に見いだすことができる。興味深いことに昭和と平成の節目が野生動物の問題を考えるうえで重要なターニング・ポイントになっている。平成時代に入った一九九〇年代、野生動物の分布拡大や問題が目立つようになったとき、日本の高度経済成長時代が終焉して、社会的にも経済的に大きな転換期に入った。そこから、近代化の象徴としての山間部の乱暴な開発の勢いに確実にブレーキがかかった。そのことは掘り下げておく必要がある。

さらにもう一つの理由は、すでに2章で取り上げた通り、開発の勢いの激しかった昭和時代に社会が抱いていた「野生動物は絶滅に瀕している」という固定化した観念、あるいは単純な思い込みが影響したことである。そのせいで生きものを相手に必要な対策を開始すべき時期を逸してしまったと考えられる。

ここから先は、この三つの切り口から野生動物の分布拡大の理由を探っていくことにする。もちろん、日本列島の多様な地理的条件や、そこに暮らす人間の社会経済的条件も地域ごとに違うので、大型野生動物がそれぞれの土地でどのような盛衰を経てきたかという議論は、本来、地域ごと個別に検証する必要がある。そのため、これが原因であると断定するつもりはない。それでも、ここに取り上げる要因の組み合わせ、あるいは影響の程度の違いによることは間違いではないだろう。

森林利用の変遷

現在は、自然からの恵みを「生態系サービス」と呼び、その意義を評価するよう促す文書が多くなった。古来、人間にとっての自然の恵みとは、衣食住を支える実質的資源のことを意味していた。食物として利用した野生の動植物。衣類に用いた獣の皮、植物繊維、養蚕から得た絹繊維。そして土地を拓いて農作物をつくり、草木は農地の肥料にし、牧草地は牛馬の餌場として維持し、害獣対策としても獣を獲った。木を伐り出して家屋の建築資材とし、大規模な建造物には大径木を伐り出した。煮炊きには薪を燃やし、養蚕の繭を温めるために薪を使って火を燃やした。また、外国から伝来した製塩や製鉄の技術にも大量の薪や炭を燃やす必要があった。そうやって森林は実質的に継続的に消費されてきた。そして電気もガスも石油もなかった時代のことであるから、人口が増えるほどその消費は大きくなった。

植林は室町時代から始まったとされているが、過度な森林の利用が続いて荒廃地が急増し、山麓で発生する水害も増えた。そのこともあって治山や保安の目的で本格的な植林が始まったのは一八世紀のこととされている。太田猛彦が二〇一二（平成二四）年に書いた『森林飽和』は、そのサブタイトルの「国土の変貌を考える」の通り、日本の森林環境の変遷が国土保全と密接に関わりがあったことを記している。昔の日本の森は豊かだったと思いがちだが、本当は、人が入り込むことが困難だった奥山は別にして、里に近い山は極度に疲弊してはげ山だらけであったということだ（図17）。

コンラッド・タットマンによる『日本人はどのように森をつくってきたのか』という日本の森林の歴史書には、人々の日常的な消費のほかに、大量に森林が伐採された時期が日本の歴史上に三度あったことが記されている。

一度目は、七世紀から一〇世紀の飛鳥時代から平安時代にかけて、都を何度も遷都した時代である。

図 17　かつてはこのようなはげ山が全国各地に広がっていた。写真は、1911（明治 34）年撮影の滋賀森林管理署立石国有林。写真提供：滋賀森林管理署。

都を造営する建築資材、都に集まる人々の生活を維持する日常的な燃料の需要を満たすために周辺の森林が切られた。そして周囲の木材資源の枯渇が遷都の理由の一つになったという。

大量に伐採が進んだ二度目は豊臣秀吉と徳川家康の時代にあった。一一世紀の平安時代末期から武士が政権を握った後、戦のたびに木材資源が大量に消費されたものだが、一六世紀末に秀吉が天下をとると、各地の戦国大名の力をそぐために、あえて城や寺院をつくらせて大量の木材を供出させた。続いて家康が政権をとったときも同じことを要求したので、江戸時代には伐採の手がより奥地にまで入ったという。江戸時代の浮世絵に描かれた山には木が少なく豊かな森林が見当たらないことも、森林の大量伐採をうかがわせる。

そして、大量伐採の三度目は太平洋戦争の時代にある。明治以後、日本の人口は急増を始め、昭和の戦時下においても七千万人を超えるほどに増加していたので、軍事的需要とともに森林伐採面積は年々増加した。年間当たり森林伐採面積は一九四五（昭和二〇）年には八〇万ヘクタールという莫大なものとなっていた。軍事需要を満たすために、それ以前に決められていた保安林ですら伐採され、当時、植民地にしていた台湾などからも強制収奪していた。人々は日々の暮らしの中で裸山の伐根まで掘り返して燃料にしたほどだから、山地荒廃はひどいものとなった。

こうした長年にわたる森林の過剰な利用は、その都度、野生動物の生息環境を奪い攪乱していたことは間違いない。おまけに、農作物の害獣であり、主要なタンパク源でもあった野生動物は、積極的な捕獲の対象として常に追われていたことを考えると、野生動物が人に対して警戒心を持ったことは容易に想像できる。このことが人と野生動物の間の、目に見えないバリアを形成していたと考えられる。

戦後の林業の衰退

戦時中の、あるいはそれ以前から続いてきた莫大な森林の消費によってはげ山が出現していたのだが、戦後の復興時にも大量の木材を必要としたことから、日本政府は国を挙げて植林を推し進めた。その結果、全国の山々に、スギ、ヒノキ、カラマツという、単一樹種の、同じ林齢の森林を意味する一斉林が広大に生み出された。そのことは広葉樹林に依存する野生動物からすれば、食物のない人工的な森（人工林）が山の中に広くつくられたことを意味する。さらに、植えたばかりの苗木が育つまでは戦後復興の需要を満たすことはできないので、政府は広葉樹林の伐採を促進しつつ、一九六〇年代には国外から木材を輸入するようになった。そして、その後の市場経済の理屈による貿易上のかけひきや、輸入材との価格競争によって日本の国内林業は衰退した。

遠く海を越えて運ばれてきた外国産の木材の価格が国産材よりも安いという、なんとも納得のいかない話だが、国内の木材は、急峻な地形に苗を植えて、間伐、下草刈り、枝打ち、など、丁寧に手入れをしながら育て、伐採し、山から降ろして、製材する。そこには大きなコストがかかる。そのため国内の木材価格は高くなる。比べて輸入材は、平坦な大地の天然木を伐採するので、植えて育てるコストがかかっていない。労働コストも安い。だから日本の林業は価格競争で負けてしまった。

さらに、戦後の高度経済成長期に、工業化の進む都市部へと労働力が吸収されたせいもあって、林業という特殊な技術の後継体制は崩れてしまい、国内の林業は急速に衰退した。その後もさまざまな政策が打ち出されてはきたものの、日本の林業は回復することのないまま現在に至っている。

大規模な開発が賛美された時代

高度経済成長時代のエネルギー政策の一環で、奥山に大規模な水力発電用のダム建設が推進され、各地で土木的思考による破壊的な森林開発が進んだ。重機や技術の進化もあって、林業の姿も土木的になっていった。奥山を所管していた国有林は、さらに奥へと林道を敷設し、尾根の上まで大規模に自然林を伐採して強引に植林した。山地崩壊の問題にはコンクリートの砂防堰堤をつくって対処した。これらは、ひたすら近代化を追求してきた昭和という時代の象徴的な姿である。

南北に長い日本列島の地理的条件は実に多様性に富んでいる。標高差の激しい急峻な地形、降雨量や降雪量の違い、たくさんの火山による複雑な地質構造や土壌の違いがある。それらが組み合わさった複雑な条件に適するように木を植え育てよ。それが江戸時代の儒学者であった熊沢蕃山《くまざわばんざん》や山鹿素行《やまがそこう》らによる日本の伝統的な林業の思想であり、山麓の集落に対する水の枯渇や土砂災害の予防といった治山治水を重視したものだった。ところが江戸期の思想に近代の政権が耳を傾けることはなかったようで、地理的条件の全く異なる欧米の林業技術を模倣し、おまけに大量消費型の資本主義経済の思想にけん引されたこともあって、土木的に林道を開設して、より標高の高い森を収奪し、その場所に適さない樹種を植えた。伝統的林業の思想は歴史家が掘り返すまではまるで眼中になかったということだろう（図18）。

こうした強引なやり方によって、水源が枯渇したり、川から海へと流れ出る土砂が増えたり、海の栄養源が減ったりと、地元住民ばかりでなく、漁業者からも批判的な声が上がった。あるいは、私の仕事上のつきあいのあった狩猟者たちも、野生動物の生息地の大規模な土木的改変が棲み処の森を攪乱したと怒っていた。たとえば、雪の多い東北地方のブナ林に手が入るのは昭和の後半だったが、営林署が奥山のブナ林を切ったせいでクマの出没が増えたと、普段は寡黙なマタギ猟師たちまでが怒りをあらわにしていた。

図18　伝統的林業地である長野県木曽谷の赤沢自然休養林。
写真提供：(一社) 上松町観光協会。

やがてバブル経済が破綻して経済が低迷する平成時代になったとき、ようやく乱暴な開発にブレーキがかかった。それでも利益を出せない林業は、後継者を失ったまま回復することのできない末期的段階に入っている。二〇一七（平成二九）年現在の林業就業者数は四万五千人で、日本の全就業人口六五三〇万人の〇・〇六%でしかない。一九五五（昭和三〇）年当時の約五二万人と比べても、一〇%以下である（図19）。

全国の山には、かつて先達が苦労して一生懸命に植えた多くの人工林が成長して、伐採の適期を過ぎてしまったものすら出ている。その多くが手入れ不足で放置されたままだ。その一方で、日本は相変わらず他国で伐採された木材資源を大量に輸入して、国際的に批判を浴びている。この地球規模の矛盾に応え

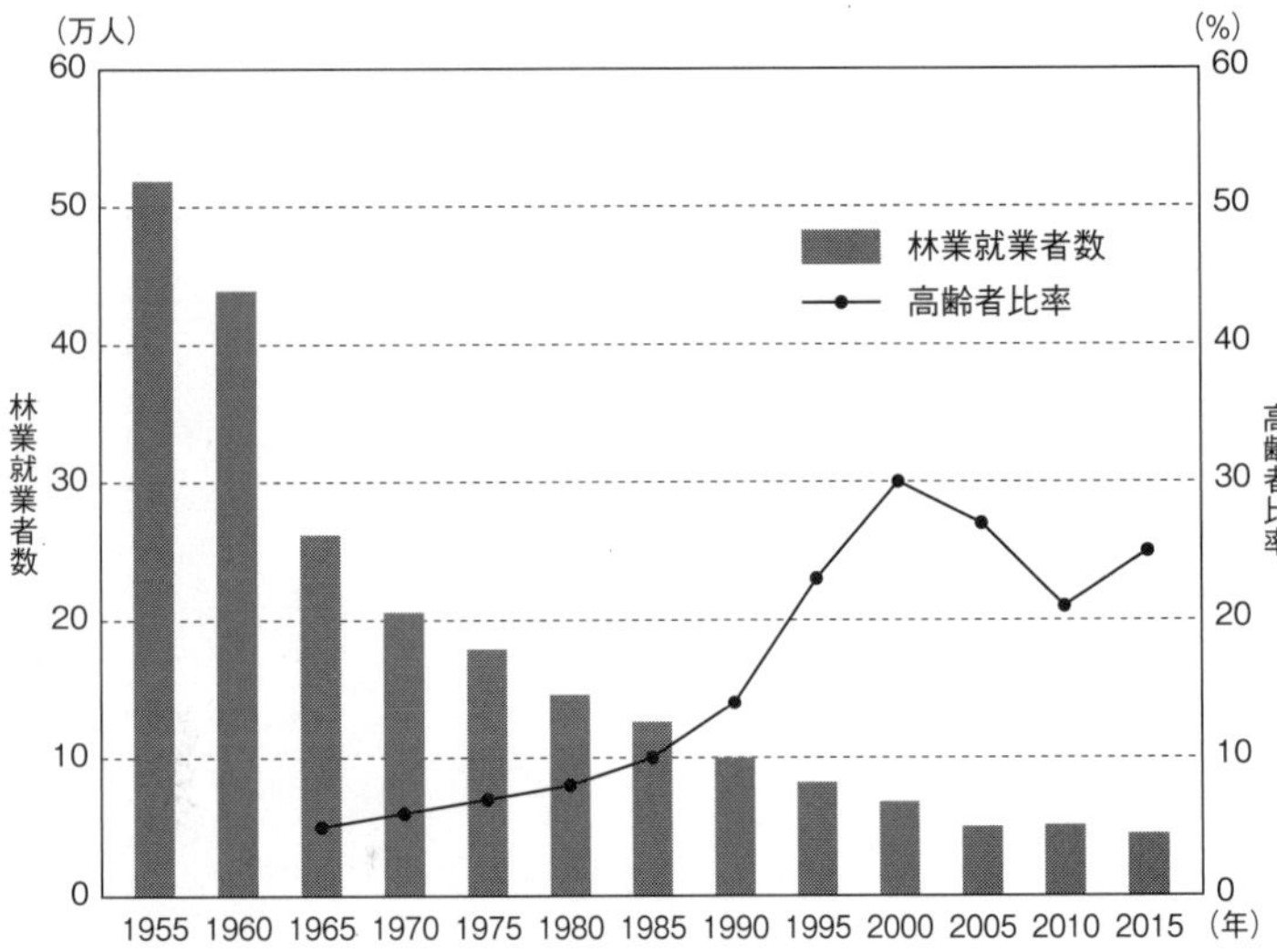

図 19　林業就業者数と高齢者比率の推移。高齢者比率は 65 歳以上の従事者の割合。林業就業者数の減少だけでなく、高齢化も進行している。
出典：1955 年と 1960 年は総務省「国勢調査」、1965 ～ 1975 年は林野庁『平成 19 年度 森林・林業白書』、1980 年以降は林野庁『令和元年度 森林・林業白書』のデータから作成。

ることは日本政府の重要な課題である。

国内の間伐もされずに放置された人工林は、資源的価値が低く、災害につながって問題になっている。こうした現状をまともな資源管理の思想に基づく林業へと転換することは必須であり、生態系を視野に入れて森林管理を考えることのできる技術者を増やしていかなくてはならないはずだ。

農業の衰退

かつて百姓と呼ばれた人々の活動こそ、野生動物に警戒心を植え付けて遠ざける効果を持っていただろうと想像する。彼らは、農業も、林業も、狩猟も、あるいは、土地の開墾、水の管理、草木の管理までも、すべて網羅して、苦労しながら生活を維持し

図 20　シシ垣。田畑や植林地をイノシシに荒らされないようにと先人たちが築いた。写真提供：PIXTA。

てきた。それがかつての時代の百姓の姿であり、そこには野生動物による被害の対策も含まれていたはずだ。

獣害に相当に苦労していた記録はいくつもある。東北地方の「猪《いのしし》けがち（猪飢饉）」の話は、冷害に加えてイノシシの食害のせいで多数の人が飢えて死んだという、江戸時代中期の八戸藩における飢饉の記録である。各地に残る石や土塁を積み上げたシシ垣の痕跡は、イノシシの侵入を食い止めようとした当時の苦労をしのばせる（図20）。長崎県の対馬には、江戸時代の陶山鈍翁《すやまどんおう》という役人が「猪鹿追詰《いじかおいつめ》」という計画を立て、島をシシ垣で分断しながらシシ垣ごとに順にイノシシを獲り尽くし、一〇年をかけて根絶させた記録がある。それは大量の人工を投入した一大事業であった。

鳥獣害のほかにも、日照りや冷夏といった気象災害、大雨や洪水といった水害、土砂災害、昆虫

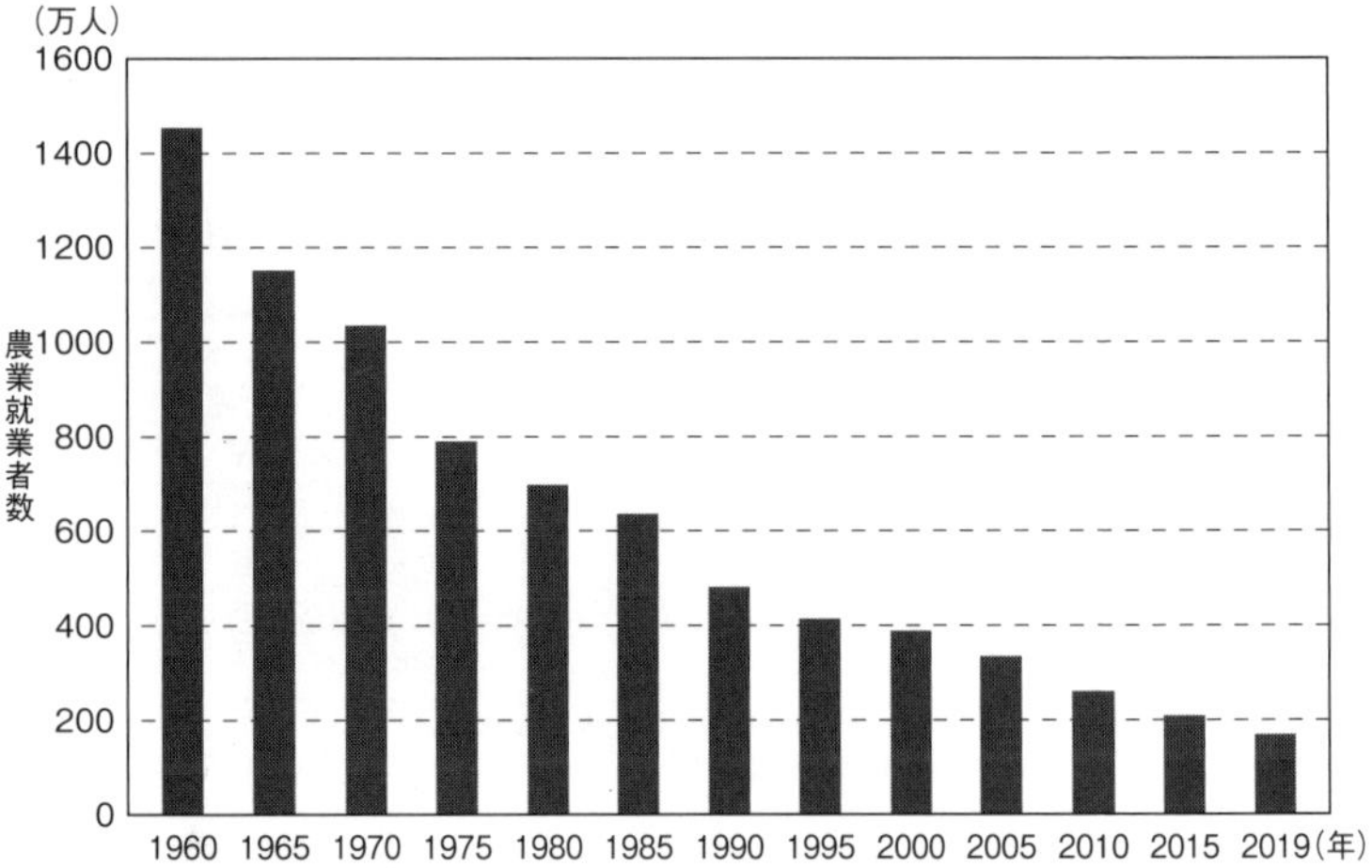

図21　農業就業者数の推移。
出典：農林水産省『農林業センサス累年統計―農業編―（昭和35年～平成22年）』「農業労働力に関する統計」より作成

害もあったから、かつての農業はまさに死と背中合わせの自然との闘いであったと言えるだろう。今でもなお災害リスクの高い産業であるせいか、農業の後継体制も崩れ、農林業センサスに基づく二〇一七（平成二九）年の農業就業人口は約一八一万人となり、日本の全就業人口六五三〇万人の三％に満たない。平均年齢六六・七歳と、高齢化も進んでいる（図21）。

農業、林業、狩猟も含めて中山間地域の現場では仕事が減り、仕事がなければ人も減り、そのうちに人間の活動量の全体が低下して、野生動物を押し返す圧力の減退につながってきた。さらに現在では、高齢化した農家が耕作放棄した土地が荒れ地と化し、草木が茂り放題になって増加している。それが広い農地の間に点在するので、野生動物が侵入して渡り歩くには実に都合のよい環境が出現している。

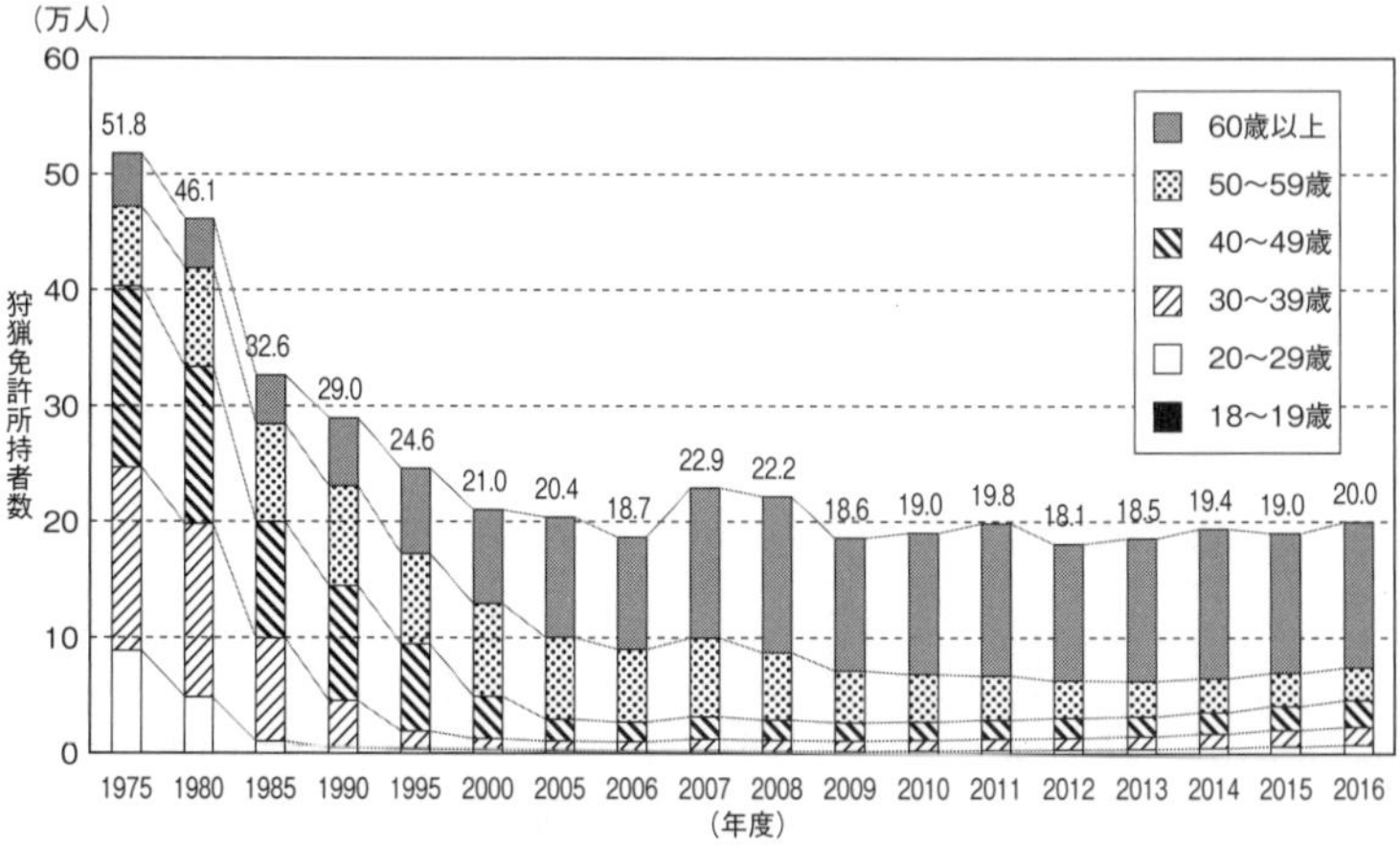

図 22　全国における狩猟免許所持者数（年齢別）の推移
出典：環境省ウェブサイト

狩猟の衰退

人類の歴史は農耕に先んじて狩猟採集から始まった。日本でも狩猟は縄文時代から行われてきた重要な生活技術であり、長い歴史がある。なかにはマタギのような高い技術を持つ狩猟集団が登場した地域もあり、獲物を山の恵みとして余すところなく継続的に利用する狩猟文化が現代に伝わってきた。しかし今、日本の狩猟は風前の灯火だ。

一九七〇年代に五〇万人もいた狩猟免許所持者は、統計で確認されている二〇一六（平成二八）年現在で二〇万人まで減っている（図22）。かつてなら若い世代がバランスよく含まれて後継体制も維持されていたが、現在は六〇歳以上が全体の六割を超えている。これは全国集計の話であるから、地域別に見ればさらに深刻な現状がある。こうなってしまった理由は間違いなく、過疎に始まる中山間地域の人口減少による。

すでに書いてきたように、人間の生活は野生動物を衣食住に利用して、肉も毛皮もさまざまに使ってきた。特に明治以後は世界的に戦争の時代にあったので、兵隊の防寒衣類に使う需要が増して毛皮が高騰した。そして日本も世界の市場へと毛皮を輸出して外貨を稼ぐようになった。その結果、特に良質の毛皮を持つ野生動物の捕獲が盛んになった。それまでの狩猟のあり方は、生活の糧である資源を絶やさないように、今風に言えば「持続可能な」狩猟であったものが、明治以後の市場経済に巻き込まれた狩猟は、「今、金がいる、よその誰よりたくさん獲って儲けたい」という欲が先に立って乱獲につながった。日本のカワウソが消えたのも、オオカミが消えたのも、そうした時代の出来事である。

日本が外国との戦争に参戦するや国内の毛皮需要も大きくなった。小学校でウサギを飼う習慣が生まれたのも、もともとは軍事的毛皮需要を満たすためだったという。そして戦後にあっても、食糧難を満たすには野生動物は貴重なタンパク源であったし、正月の女性の晴れ着を飾ったのはキツネやテンの襟巻きだった。

そんな需要がいつしか消えたのは、一九六〇年代からの高度経済成長がつくり上げた社会システムによる。具体的には、衛生的な食用肉を供給する家畜の生産と流通の仕組みが整ったこと、毛皮より軽い化学繊維が台頭したことなどが挙げられる。また、きわめて偏った情報にすぎなかったのだが、戦後の日本人はテレビ画面に映し出される幸せそうなアメリカのホームドラマにあこがれ、民主主義、資本主義を追いかけた。さらに欧米で盛んになった、反戦、環境保護、ウーマン・リブ（女性解放運動）、動物愛護運動にも影響を受け、スクリーンで見る有名女優が毛皮のコートは着ないと宣言したというニュース報道にすら、社会は反応した。こうしてアメリカへのあこがれも都会へのあこがれも一緒くたにして推し進められた高度経済成長によって、野生動物の肉を食べることも、毛皮を身につけることも、身近なことではなくなった。

ただ、こうした物言いは少し誤解を生むかもしれない。日本の狩猟文化は山奥の閉鎖的な社会で継続されてきたものであったから、もともと狩猟が身近なものではなかった地域もあるだろう。また、仏教の影響を受けて日本の歴史上に登場した、死を扱う者に対する「穢《けが》れ」の意識が色濃くて、狩猟が世間一般から敬遠されていた地域もあっただろう。日本は実に文化の多様性に富んだ国であったので、特に狩猟にまつわる事柄については一様に語らないほうがよいかもしれない。それでもなお、国のすみずみまでインフラを整備して、一億総中流と言われる同じ生活水準を提供することを目指した昭和という時代を通して、地域の多様性が薄れてしまったことは間違いない。

その過程で野生動物は換金性を失い、次第に生業としては成り立たないものとなった。そしてまた、同時代に若い労働力が都市部へと吸収される過疎が始まったことで、家族的に代々引き継いできた狩猟技術の後継体制が崩れた。さらに、法律による規制によって銃や猟犬を持つことが厳しくなった。こうしたいくつもの要素が入り混じって狩猟文化は衰退した。

社会が求めた捕獲強化

農作物などの被害を出す野生動物を獲ることを「駆除」という。それは昔から狩猟者の役割であり、地域社会にとって狩猟者は不可欠の存在であった。場合によってはよそから腕利きの狩猟者を雇い入れることもあったほどで、現代でもそのことに変わりはない。したがって生業としての狩猟が趣味として扱われるようになったとしても、駆除についての社会の要請が消えることはない。一般の人々にとっては、それがどんな捕獲行為であっても狩猟という言葉でとらえるのは自然なことだ。

実は、野生動物の捕獲に関するルールを決めている鳥獣法においては、目的に応じて捕獲行為はいくつかに区別されている（表1）。ここでいう野生鳥獣とは、狩猟の対象となりうる野生の鳥類と哺乳類のことをいう。そして法律上における狩猟とは、狩猟免許を得た狩猟者が、あくまで指定された狩猟期間（通常は一一月一五日から翌二月一五日）に、指定された狩猟鳥獣に限って捕獲する行為のことを指す。その際、狩猟を行ってはいけない地域や、禁止された捕獲方法などが定められるなどの制約を受けている。趣味の世界とはいえ、銃やワナを扱うものであることから、一般人に危険の及ぶことのないようつくり上げられたルールである。付け加えるなら、鳥獣法そのものには狩猟が生業であった時代に根付いていた、獲物を絶やさない思想、今どきなら持続可能性の思想を残している。

それ以外の野生鳥獣の捕獲行為は、すべて許可に基づいて実施する「許可捕獲」となっている。それも前世紀まではすべて有害駆除という枠組みの中にあったものだが、今世紀になって野生動物の分

表１　目的に応じた野生鳥獣の捕獲行為の区分

区分	狩猟	許可捕獲		指定管理鳥獣捕獲等事業
		有害鳥獣捕獲	個体数調整	
定義	狩猟期間に、法定猟法により狩猟鳥獣の捕獲等（捕獲又は殺傷）を行うこと	農林水産業又は生態系等に係る被害の防止の目的で鳥獣の捕獲等又は鳥類の卵採取等を行うこと	特定鳥獣保護管理計画に基づく鳥獣の捕獲等又は採取等を行うこと	都道府県又は国が事業として行う捕獲等
対象鳥獣	狩猟鳥獣49種（鳥類のひなを除く）	狩猟鳥獣以外の鳥獣も可能（鳥獣類及び鳥類の卵も含む）	特定鳥獣保護管理計画で定められた鳥獣	環境大臣が定めた鳥獣（指定管理鳥獣）
捕獲及び採取の事由	問わない	農林水産業等の被害防止	地域個体群の長期的にわたる安定的な維持	集中的かつ広域的に管理を図る必要があること
個別の手続き	不要（狩猟免状の取得、毎年度の登録が必要）	許可申請が必要申請先：都道府県知事（権限移譲している場合は、市町村長）	許可申請が必要申請先：都道府県知事（権限移譲している場合は、市町村長）	実施する都道府県は、捕獲等事業の内容を具体的にまとめた指定管理鳥獣捕獲等事業実施計画を策定する
資格要件	狩猟免状及び狩猟者登録を受けた者	原則として狩猟免状を受けた者	原則として狩猟免状を受けた者	事業の全部又は一部について、認定鳥獣捕獲等事業者その他環境省令で定める者に委託する
方法	法定猟法（網猟・わな猟・銃猟）	法定猟法以外の方法も可能（危険猟法等については制限あり）	法定猟法以外の方法も可能（危険猟法等については制限あり）	指定管理鳥獣捕獲等事業実施計画に位置付けている場合は、法第８条の捕獲の禁止のほか、法第18条の捕獲した鳥獣の放置の禁止、法第38条第１項の夜間銃猟の禁止の各禁止事項が適用されない

出典：農林水産省「野生鳥獣被害防止マニュアル - イノシシ、シカ、サル、カラス（捕獲編）」第２章 捕獲に関する基礎知識の p.16 の表 2.1 に、環境省による「指定管理鳥獣捕獲等事業」の説明を加えて作表。

布拡大に伴う被害の増加に対応させるために、有害駆除に当たる「有害鳥獣捕獲」のほかに、許認可による捕獲の制度として、「個体数調整」「指定管理鳥獣捕獲等事業」という制度を増やしてきた。

「有害鳥獣捕獲」は、以前から被害者の申請に基づいて、自治体の長が許可を出す捕獲行為であり、捕獲に関わった狩猟免許所持者に報償費が支払われる。獲物に換金性があった時代なら有害駆除は狩猟者の無償奉仕であり、地域の相互扶助精神に支えられていた。しかし、被害の問題が起きるたびに仕事を放り出して、駆除のために出動する行為が無償奉仕であることの理不尽に対して、ささやかな謝礼が支払われるようになった経緯がある。

「個体数調整」は、個体数が多すぎるせいで問題を起こす野生鳥獣について、都道府県が特定鳥獣保護管理計画を作成したうえで、問題を改善する方法の一環として個体数を抑制するために行う捕獲のことをいう。この特定鳥獣保護管理計画制度は、一九九九（平成一一）年に、科学的、計画的に野生動物をマネジメントするための画期的な制度として誕生した。この制度の本来の趣旨が各自治体の現場で適切に運用されることこそ、生物多様性保全の時代にはきわめて重要であるのだが、税収難の時代へと移行する中で、自治体には、生息状況調査を実施していく財力も技術者も十分に確保されないままになっている。

もう一つは、二〇一五（平成二七）年の鳥獣法改正で登場した「指定管理鳥獣捕獲等事業」の制度である。これは、近年になって問題が加速的に大きくなっているイノシシやシカのように、明らかに個体数が増加している野生鳥獣を国が指定して、事業予算をつけて捕獲を実施する制度である。同時に、鳥獣の捕獲等に必要な技能や知識を持つ法人を都道府県知事が捕獲事業者として認定する「認定鳥獣捕獲等事業者制度」がつくられて、狩猟者の減少に対応しようとしている。まさに国の意気込みが伝わる法制度の改革だが、現場ではなかなか思うように運用できていない。

それでも問題がおさまらない理由

日本の各地でよほど大きな問題として取り上げられているせいか、獣害問題は国会の審議の対象にまでなった。そして二〇一三（平成二五）年の一二月、国は「抜本的な鳥獣捕獲強化対策」を打ち出して、イノシシ、シカの個体数を一〇年後までに半減させるとした。先に挙げた指定管理鳥獣捕獲等事業や認定鳥獣捕獲等事業者といった制度は、その推進のためにつくられたものだ。

社会がここまで捕獲強化策を打ち出した結果、最も問題になっているイノシシやシカについて、その捕獲数は今世紀に入ってから毎年増加して、二〇一八（平成三〇）年現在、イノシシの捕獲数は六〇万頭、シカの捕獲数も五六万頭に達している（図23）。この捕獲統計からは、高齢化の進む狩猟者たちの最大限の努力の賜物であることがよくわかる。にもかかわらず、分布域の拡大の勢いは止まらず、おそらく個体数も減っていないだろう。

その理由は何かと考えるなら、現在の膨大な年間捕獲量をもってしても、すでに元の集団の増殖分すら獲りきれていないことが予想される。それほどに数が増えてしまっている可能性がある。おそら

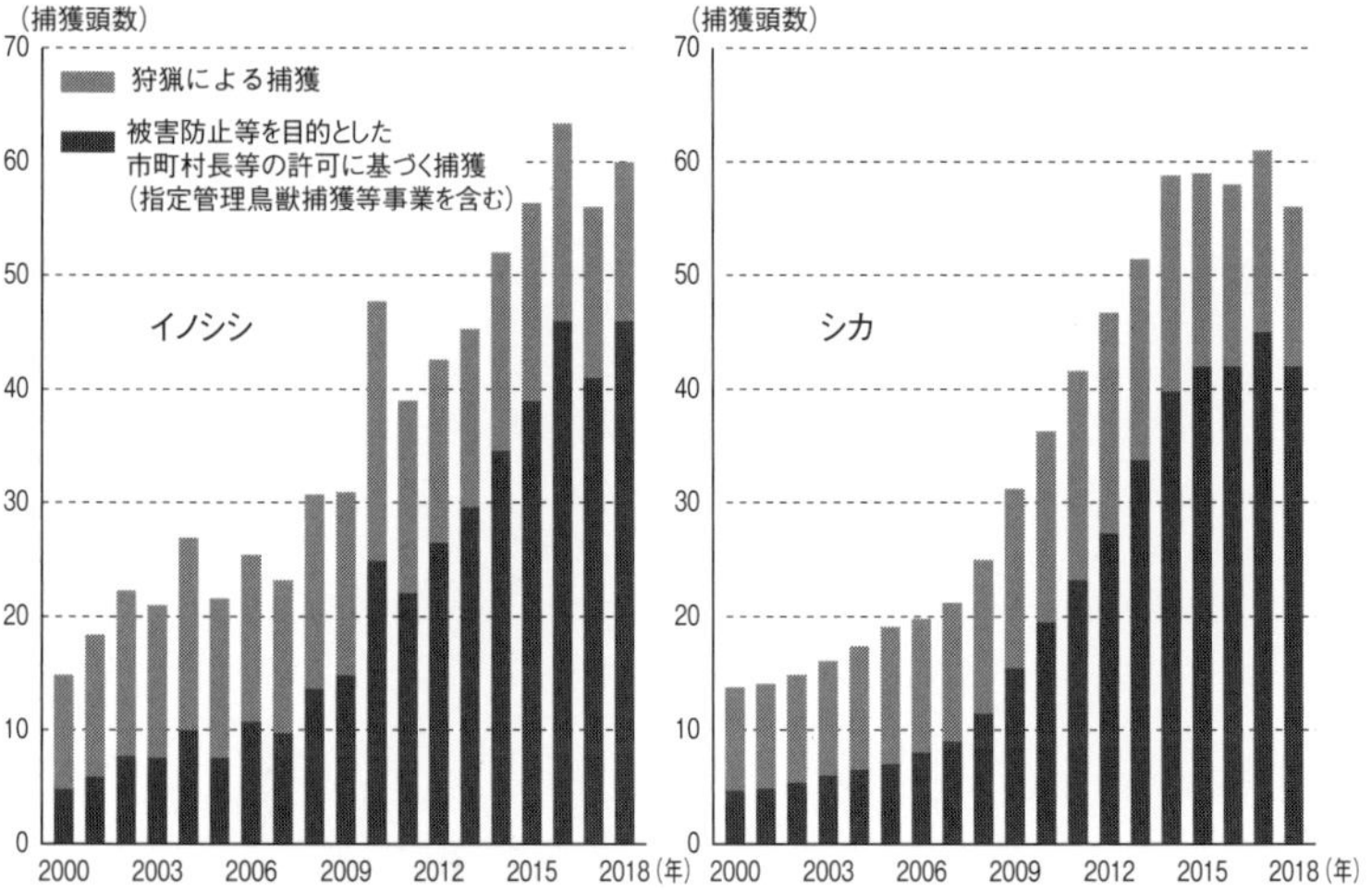

図 23　イノシシとシカの捕獲頭数の推移
出典：環境省鳥獣関係統計より作成

く、個体数の増加を積極的に抑え込むことを開始する時期を、三〇年ほど前（平成の始まる頃）に逸してしまったためだろう。このことは先に書いた通り、客観的な情報が不足していたために、野生動物は減っているとの思い込みを切り替えられなかったことによると考えられる。

そしてまた、何より致命的な現実は、捕獲の技術者が高齢化して確実に減っていく途上にあることで、かなり近い将来に捕獲の実行機能を失うことにある。捕獲統計で集計される捕獲頭数グラフは、近々、頭打ちになって右下がりになっていくだろう。それは動物の個体数が減ったからではなくて、獲る人が減って捕獲に向ける努力量が下がることによる。

捕獲技術者が増えない理由は明らかで、長く猟友会のボランティアに頼ってきたせいで、安定した職業としての体制が確立できていないからだ。

国は認定鳥獣捕獲等事業者制度をつくって、捕獲技術者団体を定着させようとしてはいるものの、地域の狩猟者は新規の認定事業者の参入を拒む。それは地域の狩猟者たちの縄張り意識の強さによる。

狩猟を生業にしていた時代から、見通せる範囲の山の獲物は自分たちのもので、それを財産として持続的に獲っていくことこそが生きるための知恵であり、縄張り意識とは、その思想や技術を伝統的に受け継いできた証拠でもある。しかし縄張り意識とは特別な感情ではなく、漁業でも、あるいは農業を通しての水利権の問題にしても、第一次産業の随所に見いだすことができる。他の産業であっても縄張り意識はありうることであり、人間の本質のようなものだ。むしろ国際合意となったＳＤＧｓには、こうした強い資源保護の意識が必要とされることを思うと、縄張り意識という感情をすべて否定することはできないだろう。

そんなことよりも、そこに潜む真の問題に気づかないといけない。現代社会は、直面する深刻な課題に真剣に向き合うことをせずにやり過ごそうとしている。狩猟者が頑固だからとか、協力してくれないとか、言い訳を続けて、社会は目の前の面倒から逃げようとしている。そのことにこそ問題がある。しかも今の時代は変化のスピードが速いので、もはや後回しにできない段階であることに早く気づかなければいけない。

4章　生態系に影響する問題

運命共同体

いつもと同じ森に分け入るとき、ふとその変化に気づくことがある。四季折々の自然の変化は訪れる人の心を癒してくれるものだ。その季節のうつろいを楽しむことができるのは、時が過ぎれば再びめぐってくるという期待や安心を前提にしている。もし、そこに破壊的な力がかかれば、四季のうつろいは消え、その自然と慣れ親しんできた人ほど悲しい思いをする。

明治以後の一五〇年の中で、農地開拓、人工林の造成、林道の開設、大規模なダムの造成など、近代化した社会というものは、便利さと引き換えに人の悲しみと犠牲を強いてつくり上げられてきた。ところが二一世紀を迎えた現在、そんなセンチメンタルな物言いを笑い飛ばせないような現象があちこちで起きている。

地球上に霊長類が誕生したのは六〇〇万～五〇〇〇万年前で、さらに石器を使うヒト属が誕生したのは二〇〇万年前のことである。以来、森を切り開いて農地をつくり、鉱物資源や化石燃料を使い、お金という概念を生み出して、人々は豊かになることを目指した。その先では、食べものも安全な飲み水も得られないような貧困から抜け出すことを目指してきた。ところが人間の経済活動は、環境中に化学物質を排出し続けて海や大気や土壌を汚染し、生物や人体にまで影響をもたらした。そのことは公害と名づけられ、痛ましい犠牲によって知ることになった。

その後も、ダイオキシンやＰＣＢに代表される化学物質が生物や人間の体内メカニズムにさまざまに影響して、生殖異常などをもたらす内分泌撹乱物質（いわゆる環境ホルモン）の問題も出てきた。地球を取り巻く大気の成層圏にはオゾンという物質による薄い層があって、太陽光のうち生物にとって有害な紫外線を吸収してくれているのだが、冷蔵庫などに使われていたフロンガスがそのオゾンを壊してしまい、穴があいたところから地上まで強い紫外線が届いて、人体に影響を及ぼすほどになった。

さらに、近代化の歴史を通して人間活動が排出し続けている二酸化炭素やメタンといった温室効果ガスが増えすぎたせいで、太陽からの熱を地球上に閉じ込めてしまい、地球全体の温暖化が進んでいる。いまだに地球温暖化は嘘だという為政者もいるが、近年のさまざまなデータを見る限り認めざるを得ない。地球の温度の上昇はいつしか極地や氷河の氷が溶け出すほどのものとなり、ホッキョクグマの生活を脅かし、地球上の海水面も上昇している。大気や海水の温度上昇は世界各地の気象の乱れにつながり、大規模な台風、防風、豪雨、豪雪、干ばつを発生させて、明らかに農林業や水産業の生産量に影響している。今世紀初頭に六二億人だった地球全体の人口が二〇五〇年には九〇億人を超えると予測される時代に、食糧供給が満たせずに、飢える人がさらに増えることも心配されている。

そしてまた、便利さから奔放に使ってきたプラスチックが大量に廃棄され続けた結果、微細なマイクロプラスチックとなって海を漂い、これを呑み込んだ魚やそれを食べる人体にも影響を及ぼすことが懸念されている。二〇五〇年の海には魚よりもプラスチックの量のほうが多くなるとの予測も出ており、世界各国が緊急課題として対策に乗り出している。

温暖化時代を生きる

「宇宙船地球号」という言葉が登場したのは一九六〇年代のことである。それからすでに六〇年が経つというのに、地球全体を巻き込むマイナスの現象が次々と、しかも具体的に我々の目の前に出現している。国際的な議論が始まって、化学物質の排出規制などの努力が重ねられてきたことは事実であるが、問題が終息に向かっているわけではない。これまでに知られていない新たな現象が問題化することも大いに考えられる。この先の未来がどうなるのか予測ができない。

たとえば地球の温暖化を止めるための地球温暖化対策国際会議（国連気候変動枠組条約締約国会議＝ＣＯＰ）の場では、なかなか足並みがそろわない。先進国と、これから経済発展したい途上国、さらには国境を越えて活動する巨大化したグローバル企業の思惑が交錯している。それでもようやく「産業革命前からの平均気温上昇を二度より十分に低く保ち、一・五度に抑える努力をする」とパリ協定で決定したにもかかわらず、トランプ政権下のアメリカ政府が不参加を表明するなど、なかなか一枚岩とはいかない。現在の人類は、運命共同体の危機を回避する責任意識より、直面する自国の経済発展や企業の利益を優先させてしまう。そして子供でもわかる理屈の合意ができない。スウェーデンの当時一六歳だったグレタ・トゥーンベリさんのスピーチは世界中を揺り動かしたにもかかわらず、各国首脳がむきになって批判するのは、痛いところを突かれているからにほかならない。

日本でも夏の気温が四〇度に達する地点が増えてきた。熱中症リスク、豪雨の頻発や台風の強大化、渇水、農林水産業への影響など、地球温暖化がもたらすさまざまな問題が毎年のように発生している。こうした影響はもっとゆるやかに起きると思っていたのだが、明らかに加速的に私たちの前に現れている。これはもう、私たちの日常のライフスタイルを根本から変えざるをえない。

人口が減少する日本では人々は東京に集まると予想されているが、果たして殺人的酷暑となる夏の東京で仕事をすることを人は選ぶだろうか。全員が屋内にこもってクーラーを回せば、その放出熱で都内の温度はさらに上昇する。局所的に発生した雨雲によって集中豪雨に見舞われる。夜になっても温度が下がらず熱帯夜が続く。温暖化に加えて、ヒートアイランド現象のダブルパンチ、そんな環境に耐えてまで仕事を強要すれば、訴えられる時代だろう。

ここで私たち人間自身のことを問う理由は、先にも書いたように、人間のライフスタイルが野生動物の動態を左右することによる。また、私たちがこれからの時代にどのような社会を生み出すかということによって、野生動物の問題に対処する方法まで変わってくるからだ。

生物多様性の危機

温暖化は人間の身勝手が生み出したものだから、人間が耐えるのは仕方がないとしても、迷惑を被るのは野生の生物たちのほうだ。日本の野生動物に影響が及ぶことも避けられない。確かなことは、高山の寒い環境にしがみついて生き残ってきた氷河期由来の動植物は、移動できなければ絶滅するしかない。移動が可能な動物なら、移動先で他の動物と競合しながら新たな生活を始めるだろう。海水温も気温も上がるのだから、南から熱帯性の動植物が北上して勢力を伸ばす。そうなれば、日本列島に暮らす人々も新たな害虫やウイルスの定着を警戒しなくてはならなくなる。そのほかに、生物それぞれの持つ生理的メカニズムに、温暖化がどんな影響をもたらすものかわからない。

一九九二（平成四）年にブラジルのリオで開催された地球サミットにおいて、生物多様性条約が誕生した。二〇二〇（令和二）年現在、日本を含めて一九三カ国とEUが加盟するこの条約の誕生した背景には、急速に遺伝子工学が進展したことと少なからず関係している。生物の細胞に含まれる遺伝子を切り貼りして、新たな食糧、新たな医薬品、新たな物質、さらには新たな生命体まで誕生させることが可能となったことから、自然界のさまざまな生物の持つ遺伝子は、人間にとって莫大な経済的価値をもたらすものとなった。それを知ったとたん、野生の動植物は明確に有用な資源となり、護るべき対象となった。

多くのバイオテクノロジーの技術者を抱え込んで、グローバル企業が競うように途上国の生物を採取し、その遺伝子を解明し、特許をとって活用の権利を独占しようとする。きわめて功利主義的な、植民地時代となんら変わることのない姿をさらしている。そんな動向を危惧して一定のルールを設定しようというのが、生物多様性条約の目的の一つである。遺伝子工学の進化が止まらない以上、避けられないことだ。

保全すべき対象は、個々の生物の進化が複雑に関係して生み出される生態系の営みであり、そこから生まれるサービスを期待している。あるとき採取して冷凍保存した遺伝子ではない。進化の舞台となる生態系の、地球上の動植物の関係性、その変化の推移をまるごと保全していくことに意味がある。だから、この条約の保全の対象は、生態系の多様性、種の多様性、遺伝子の多様性となっている。環境省は、「生物多様性国家戦略２０１２―２０２０」の中で、日本の生物多様性が次の四つの危機にさらされているとしている。

①開発などの人間活動による危機
②自然に対する働きかけの縮小による危機
③外来種などの人間により持ち込まれたものによる危機
④地球温暖化や海洋酸性化などの地球環境の変化による危機

これらの危機を生み出すものは、すべて人間の日常生活であり、社会経済の選択による。人口減少はもちろんこと、ＡＩによる技術革新、情報化社会の深化、グローバリズムなどが複雑に絡まりながら急速に変化を続ける時代にあることから、新たな時代を生きるにあたっては、直面する地球環境の問題の改善を念頭に、生態系の視点で考えないと間に合いそうもない。そんな未来につなぐ社会のあり方を、明確なビジョンとして中央政府が打ち出す必要がある。

おそらく自然と対峙する地域社会ほど急速な人口減少問題を抱えているので、地域再生を急ぐあまり、相変わらず昭和の思考を引きずったまま大規模開発を誘致しようとしがちである。その前に、少し立ち止まってもらいたい。視野を広げて十分に議論して、将来の人々の暮らしにとって本当に必要なものを生み出すことを考えてもらいたい。そうでなければ間違いなく禍根を残す。

また、広い森林を抱える自治体ほど、前章で紹介してきたような野生動物の問題を色濃く抱えている。森林の手入れも、野生動物の適切なマネジメントも、あるいは私たちの暮らしの周囲で自然が引き起こす問題、たとえば外来動物の侵入、竹林の繁茂、感染症にも対処していかなくてはならないのだが、そこに技術者を集結させられなければ何も遂行できず、このまま破綻していくほかはない。

シカが山を壊す

現在、日本の山では、そこに関わってきた人には非常にショッキングに映る生態系の急激な変化が進んでいる。まさに人口減少問題が生態系にまで影響を及ぼすということを強く意識させられる、実に際立った現象が起きている。

何かと言えば、狩猟者が減ってシカが増えた結果、彼らの強い食圧によって植物が食べ尽くされていくことにある。景観がすっかり変わるほどに急速に森林が姿を変えている。それは、希少植物が食べられて消えてしまう脅威にとどまらず、森林内の植物の全体に負荷がかかり、そこに依存するさまざまな動物群の生活の基盤までが失われようとしている。その意味で、シカの急増は日本の生物多様性にとって、最も深刻な危機ということができる。

シカが高密度になった地域では、まず森の下層にある地表面の植物から食べ尽くされる。芽を出せば食べられてしまうので消えてゆくしかない。それは母集団の少ない植物ほど消滅するスピードは速くなる。一時は、シカの嫌う植物が勢力を伸ばすことはあるけれど、シカの密度が高くなれば、そんな植物もいずれ食べ尽くされてしまう。

下層植物が減ってくると、食物を失ったシカは、口の届く範囲の地面から一・五メートルほどの高さまで、樹木の枝葉を食べるようになる。すると、一定の高さから下の植物がきれいになくなり、すっかり見通しがよくなって庭園のように見える「ディアライン」と呼ばれる景観が出現する（図24）。

冬はシカにとって厳しい季節である。落葉広葉樹の葉が落ち、地表面の植物も枯れてしまうので、シカは冬に枯れないササや落葉を食べてこの季節を乗り越えていくのだが、高密度になるとササさえも食べ尽くしてしまうので、樹木の幹を頻繁に齧るようになる。そのため、固い樹皮の下の形成層の全周をかじられた木は枯死してしまう。各地の国立公園では亜高山帯の美しい景観を構成してきた、

図24　ディアライン。シカの口が届く約1.5mの高さまで、きれいに枝葉が食べられて見通しがよくなっている。神奈川県丹沢山地。

シラビソ、コメツガ、ウラジロモミなどの針葉樹林が姿を変えている。

その極端な現場の一つが紀伊半島の大台ヶ原《おおだいがはら》である。一九八〇（昭和五五）年頃までは背の高いスズタケが密生し、うっそうとした深遠なトウヒの森が残っていた。氷河時代からの原生的な自然と、特殊な気候や地質と相まって独特な生態系がつくられたこの山域は、国の特別天然記念物であり、日本百名山や日本の秘境一〇〇選にも選ばれている。それが今ではシカの食圧に強いミヤコザサの明るい草原へとすっかり姿を変えてしまった（図25）。

もし持続的にシカの食圧を受けたなら、そこに棲んでいる各種の動物群が、それぞれの生活の基盤を失う。そこではまず物理的な変化が起きる。下層植物を食べ尽くされた地面

図25　大台ヶ原のトウヒの枯死木。かつてはうっそうとしたトウヒの森が、シカの食害によって急激に衰退した。写真提供：横山典子。

には雨滴が直接当たるので、その衝撃によって土壌の粒が動く。その影響は急斜面ほど強く現れて、雨のたびに土壌が流れ出てしまう、やがて木の根がむき出しになると、暴風時には健康な高木までが倒れてしまう。こうして森の基本的な構造が壊れていく。

森林にはいろいろな植物が生育していることで、植物の芽、葉、実などが、動物たちの食物となり、植物のかたちが隠れ場所を提供するものだ。たとえば昆虫類は、最も直接的に森の植物から食べものや隠れ場所を得て、卵を産み付ける。種によっては特定の植物がなくなれば、そこに棲めなくなるものもいる。さらに、そうした昆虫類を食物とする、カエルやヘビ、鳥類や哺乳類など、たくさんの動物群が生息している。

健全な森林では、地表面を覆う草本の下に

たっぷり水分を含み栄養分を保持する土壌の層が形成されていて、そこにたくさんの小さな、あるいは微細な土壌動物群が生活している。もし草本がシカに食べ尽くされて地表面が露出してしまうと土壌が乾燥するので、土壌動物は暮らせなくなって消えてしまう。そうなれば、それらを食べて生きている、ミミズ、サンショウウオ、モグラ、ネズミの仲間、ヘビやカエルの仲間までが、食べものを失って生きられない。その結果、こうした小さな動物群を食べながら生きている鳥も獣も、食べものがなければよりつかなくなる。こうして森林の物理的な構成要素が壊れると動物の食物連鎖の関係も壊れてしまう。それこそが森の生物多様性の劣化であり、森林生態系の機能不全ということである。

それどころか、山の中でシカが増えるということは、山麓にも多面的な影響が懸念される。たとえば土壌を失った森は保水力が低下するので、森のダムと称される重要な機能が失われる。そうなると山麓への土砂災害の危険が増幅していく。近年になって頻発する大型台風や集中豪雨の規模を考えれば、どれほどたくさんの砂防ダムがつくられたとしても、すぐに埋まってしまうだろう。あるいは、質の落ちた森で食物を得られなくなった大型動物が、食物を求めて里へと出没しやすくなっていく可能性すら考えられる。

捕獲強化のタイミングの遅れ

シカの分布拡大は一九七五（昭和五〇）年頃には始まっていたというから、まさに過疎が問題になり始めた時代と一致する。そして目立った問題が起きるのは一九九〇年代のことである。兆候は先行して北海道で現れた。広大に牧野の広がる道東方面でエゾシカが増加し、農林業被害が急増して五〇億円を超えた。そのため北海道は一九九一（平成三）年に他県に先駆けて環境科学研究センターを創設し、科学的根拠に基づいた野生動物管理に乗り出した。昭和の時代に、絶滅回避を意図して規制されていたメスジカの捕獲を解禁し、モニタリング調査を充実させて、自然保護世論への説明を重ね、捕獲強化策を開始した。

同じ頃、本州、四国、九州でもシカの増加の兆候が現れていた（図26）。国立公園の特別地域など、これまで姿を見せたことのなかった標高の高いところにまでシカが現れて、植物への食圧で景観が変わり始めていた。そんな話が頻度高く山に登っている山小屋の主人たちの間でささやかれ始めたのが一九九〇年代のことだった。

やがて、神奈川県の丹沢《たんざわ》山地でスズタケがなくなったとか、栃木県の日光白根山《にっこうしらねさん》でシラネアオイのお花畑が消えたとか、各地の湿原の植物に影響が出始めたとか、長年にわたって植物を調べてきた研究者たちが警鐘を鳴らすようになった。この時点で、日本の自然保護は新たな転機を迎えたと言えるだろう。植物の保護を志向する人々が、日本固有の野生動物であるシカを捕獲しろと言い出したのだから。

しかし、行政が捕獲を強化するには、さらに時間がかかった。長年にわたって繁殖に寄与するメスジカを禁猟にして、国としては保護策をとってきたことや、その一方で農林業被害の際にはメスジカ

図 26　シカの国内分布の変遷。急速に分布を拡大していることがわかる。
出典：環境省自然環境局生物多様性センター

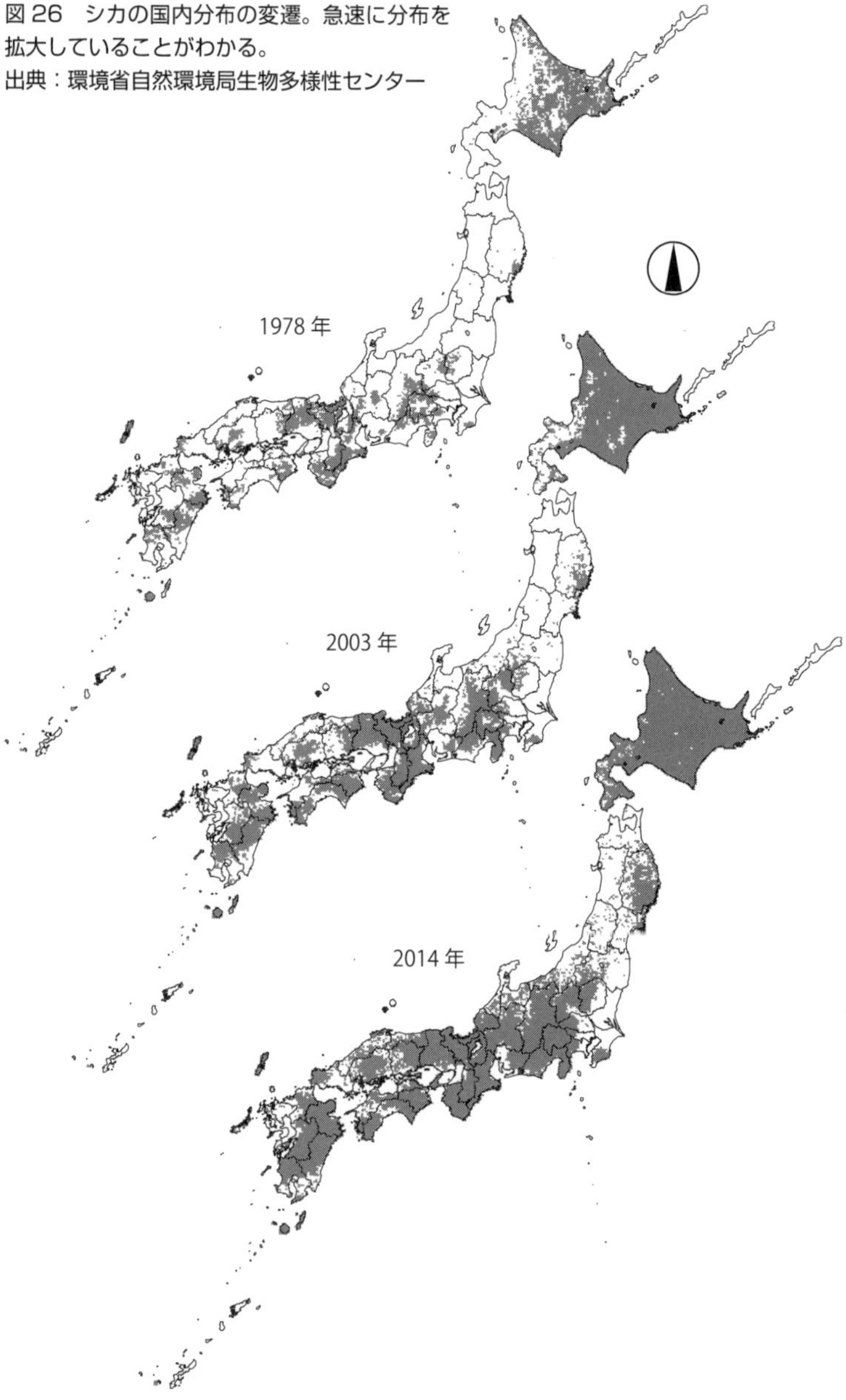

を含めて駆除を許してきたのだから、個体数を減らすためにさらに捕獲を強化することには抵抗があった。しかも税金を投入することになる。安易に個体数を減らす方向に転換すれば自然保護団体の理解を得ることは難しい。何より、狩猟者は獲物が増えるほうが歓迎だ。個体数を減らすとなれば、科学的データに基づく整然とした根拠が必要だった。しかし、躊躇していたことによる対策の遅れは、シカの分布拡大の勢いを加速させてしまった。

一九九九（平成一一）年に鳥獣法において特定鳥獣保護管理計画制度が設置されたことにより、分布拡大や被害の発生状況に関する科学的な情報の積み上げが各自治体で進み、二〇一三（平成二五）年には、議会の強い要請を受けて、環境省と農林水産省が共同で、シカ、イノシシの個体数を半減させると宣言し（抜本的な鳥獣捕獲強化対策）、自治体への交付金を強化して、捕獲強化策に乗り出した。その効果によってシカの捕獲数は前世紀末に年間一〇万頭程度であったものが、毎年のように増加して、二〇一七（平成二九）年には六〇万頭近くに達している（図23参照）。

それでもシカの分布拡大の勢いは止まず、いっそう北へと進んでいる。もちろん、熱心に計画的に取り組んできた自治体ではシカが減り始めたところもあるが、シカにとっては行政界など関係ないので、騒がしい捕獲が始まれば隣へ移動してしまう。近隣自治体が足並みをそろえて計画的に捕獲強化策をとらないかぎり、複数の自治体にまたがる大きな山塊をあちこち逃げ回るシカを減らせるものではない。本来なら、もっと早い段階で母集団の増加を適切に抑え込む必要があったのだろう。

シカを増やす環境要因

そのほかにもシカが増える理由がある。もとはといえばシカは平野部にたくさん棲んでいた。そして人が樹林を切り開いて生み出した環境には、草が生えてシカの好む環境となる。いつでも身近にシカがやってくるのだから、それを獲っては利用するという、まさに持続的利用（sustainable use）の理にかなった営みがあったということだ。

長い歴史を通して日本列島にはたくさんの牧草地がつくられてきた。茅葺き屋根、田畑の肥料、燃料など、萱場は人の暮らしの必需品を供給してきた。また、牛や馬の飼育や放牧にとっても牧草地は重要な役割を担ってきた。近代化が進んだ後も、畜産のための放牧場ばかりでなく、スキー場、観光牧場として使われてきた。しかし、過疎によって人口が減っていく途上で草地の多くが放置されるようになった。そんな牧草地が今ではシカの餌場となっている。そのため、たとえ森の中の植物を食べ尽くしたとしても食物には困らない。

また、最近では新たな森林環境の変化が始まっている。国は伐採の適期を迎えた人工林をできるだけ手入れしていくために、新たに法整備を行って、より速やかに間伐が進むようにした。このことは日本の森林を改善するための重要な措置と言えるものだが、森林の中に伐採跡地がどんどん増えることになるので、それがシカの餌場を増やしている。

とにかく現在の日本で起きていることは、一方で一生懸命に捕獲強化を進めながら、一方で無自覚に餌場を増やすという、実に矛盾をはらんだことを続けている。いずれも税を投入しているのだから改善しなくてはならないものだ。

こうして長い歴史の過程で、人の利用によってつくり出された樹林地と牧草地のモザイク構造は、逃げ込む場所と採食場が適度に備わるシカにとっては最適の環境となっている。そして奥山よりも里のほうが相対的に積雪量も少ないので、シカは厳しい冬をこうした場所で乗り切っていく。では、昭和の終わる頃までシカの増加を抑え込むことができていた理由とは何なのかと考えるなら、やはり、歴史的な時間スケールでずっと捕獲を継続してきたから、ということに尽きる。

日本人は江戸時代より前からシカの肉も皮も重要な生活資源として利用してきた。皮は衣類にも丈夫な紐にも、雪駄の材料や道具にも使われた。江戸期には東南アジアからシカ皮が輸入されるほど、その需要は高かった。シカは絶やしてはいけない動物だからこそ、明治の野生動物の乱獲時代が始まった後も、繁殖に寄与するメスジカは、狩猟の対象から外すほどの積極的な禁猟政策がとられた。

しかし、高度経済成長期に入り、衛生的な食用肉が流通し、化学繊維が普及すると、シカを資源として利用する習慣がなくなった。また、過疎によって社会構造が変化したこともあって、資源としてシカを獲り続ける理由は消えた。その結果、狩猟者も次第に減っていった。そして必然的にシカは増加して分布の拡大が始まった。

シカは悪者か

ところで、生物多様性保全の時代だからこそ、生態系に強い影響を生み出しているシカは悪者であるか、ということを考えてみる。

シカは縄文の昔から日本列島に生息してきた動物であって、後述する外来動物ではない。日本の自然の一員として生態系の重要な役割を果たしてきたに違いない。それならなおさらのこと、迷惑な害獣だから根絶するという答は当てはまらない。生態系においては、ある特定の生物種が勢いを増して、他の種がその圧力で抑え込まれること、あるいはその逆も、ごく普通の自然現象である。同様に二一世紀初頭の日本列島で、ヒトという生物の勢いが小さくなって、シカという動物が増えるということは特別な現象ではない。人口および捕獲圧の減少に加え、人がこれまで手を入れ続けてきた環境の変化も影響してシカが増加している。シカはあくまで人の行為に反応しているにすぎない。

したがって、この地球上で最も繁栄した生物として、知性を獲得した生物の責任として、現在の生態系で起きている現象に対して何がよい選択であるかということを、私たち人間自身がよくよく考える必要がある。そしてやはり、判断のもとには人間のためになることを据えるに違いない。個人ではなく、社会として私たちが考えることは、あくまで人間という生物種の存続のためになることを考えるものだ。自らの種の繁栄は、どの生物にも備わった生きる仕組みであり、生物に共通する生きる理屈である。

人間は自然と折り合いをつけてこそ生きられる。シカとの関係においても折り合いをつけていくしかない。行き着く先はそういうことである。もし、財政難とか、体制が整わないとか、これからの時代ならではの理由によって問題を改善できないままシカの密度管理を放棄してしまえば、いくつかの生物種が絶滅して、日本の生物多様性は劣化していく。そして生態系の姿も変わっていく。おまけに温暖化の進む地球規模の要因も関与して、日本の自然の構成要素は大きく変化していくことになる。

もはや日本列島のシカの分布拡大を阻止することはできない。それが人間にとって不都合であるのなら、現在より悪くならない程度にシカの「密度」を管理（コントロール）し続けるしかない。そんな結論になるのではないか。

外来生物という問題

もう一つ、日本の生態系に影響を及ぼしている問題として外来生物がある。外来生物とは、自然界に生きる動植物を、自然のままでは絶対に進出が不可能な地域へと人が運び込み、それが野生化してしまった動植物のことをいう。その外来生物がもたらす問題とは、人への被害はもちろんのこと、持ち込まれた土地で勢いよく増殖してしまった場合に、その土地に固有の在来の生物種に対してなんらかの圧力となって、その生態系に悪影響を及ぼすことを言う。たとえば在来の生物が外来生物の食物として食べられてしまうとか、空間を奪われて生態系のニッチを失ってしまうとか、もしそこに近縁の生物が存在したなら、自然状態ではありえなかった交配が生じて、ありえなかった進化が始まる、といったことだ。

人による生物の移動の歴史は古く、一五〜一七世紀に活発になった大航海時代や、その先の植民地時代に、ヨーロッパ人が海を渡って移動させた動植物が、現在でも、その土地の在来の生物に影響を与えて生態系をゆがめている。日本でも過去に持ち込まれた外来生物の事例はたくさんあって、鎖国が解かれた明治以後は外来生物が急増している。代表的なところでは、一九一〇（明治四三）年にハブ対策として沖縄本島や奄美大島に放たれたマングースが増殖してハブ以外の希少動物を捕食するようになったことや、戦後に食用として持ち込まれたウシガエル、その養殖用の餌として持ち込まれたアメリカザリガニが身近に普通に生息するようになってしまったことがある。

あるいは、娯楽の少なかった戦争前後の時代に、観光目的で外国から持ち込まれたタイワンザル、アカゲザルの深刻な問題がある。当時は小規模の民間動物園で飼育されていたものが、時代の流れとともに経営が破綻し、その後は飼育管理が雑になり、やがて園の外に出るようになった。問題はこれらの外来のサルがニホンザルと近縁であったために、園の近隣に生息するニホンザルの群れに入り込んで交配し、子供が誕生していることにある。ニホンザルは日本列島が大陸から切り離されたときに隔離されたサルであるので、その交配は本来の自然界では起こりえないものである。

また、一九七七（昭和五二）年に放映されたアニメの影響から、ペットとして輸入が始まった北米原産のアライグマが、現在、全国で野生化して分布を拡大している。器用に柱を登り電線を伝い歩くこともできる。ちょっとした隙間から建物の中に入り込むので、人家の天井裏に入り込んで糞尿で汚し、場合によってはそこで子供を産んでしまう。古い由緒ある文化財級の神社仏閣でも、柱や壁に爪で傷をつけてしまう。彼らはなんでも食べるので、都市部に入り込んでゴミをあさり、小さな緑地に入り込めば、そこに生息する昆虫、サンショウウオなどの両生・爬虫類、鳥の卵などを食べてしまう。もともと人が閉じ込めてきた小さな緑地の動物相だから、放置すればアライグマがとどめとなって緑地の生き物は消滅してしまう。同じく外来動物のハクビシンとともに、日本の中型動物である、キツネ、タヌキ、アナグマ、テン、イタチなどの哺乳類と競合して、そのニッチを奪っている可能性もある。(図27)。

そのほかにも、外来哺乳類のキョン、タイワンリス、ミンク、ハリネズミなど、あるいはテレビの池の水を抜く番組で有名になった、外来爬虫類のミドリガメ、ワニガメ、カミツキガメ、外来魚類のブラックバス、ブルーギル、コイ、さらには外来の昆虫類など、たくさんの外来動物が持ち込まれている。流通網が発達し、ネットで簡単に売買ができるようになったせいで、国外から簡単に生きものが持ち込まれる。その後の飼育管理の段階で、動物が逃げたり、飼育できなくなった人が野外に放したりして、野生化が始まる。その行為は全く人間の側の問題であり、それぞれの動物に罪はない。

これらのリストは環境省が公開して、外来生物法(特定外来生物による生態系等に係る被害の防止に関する法律)に基づいて警告している。本来、特定外来動物は日本の生態系から排除することが法の趣旨であるが、日本の自治体には体力も財力もなくなっているために、もはや狭い島嶼部でもない限り、根絶することができないばかりか、分布の拡大すら抑え込むことができないでいる。それればかりか、近い将来に、遺伝子工学をはじめとする技術の進化は、自然にはあり得ない新たな生命体を野に放たないとも限らない。

図 27　外来動物のアライグマ（上）とハクビシン（下）。いずれも都市部に入り込んでさまざまな被害を出している。器用に電線を伝い歩くことも珍しくない。写真提供：PIXTA。

生態系で考える

ところで、シカや外来生物によって生物多様性や生態系に影響が出ている現在、こうした問題に対処していくとはどういうことなのかということを考えてみる。

生態系への影響が顕著になった自然を、再生するとか修復するといったことを実務的にとらえるなら、固定的な目標設定をすることにはすでに無理があるだろう。たとえば、日本に古くから棲むシカの増加は、その高密度状態の高い食圧によって、元からあった植物の種を消滅させ、植物群落の構成も変化させて、もはや森林を元の姿に戻すことはできなくなっている。さらに長期的に見れば、人がもたらした温暖化の影響で頻発する豪雨なども森林の再生に影響するだろう。それらは常に変化する生態系の動的な姿にすぎない。さらにその変化のスピードも、うんと速くなっている。ここまで来れば、人間にできることは、生態系の変化の速度を抑えるとか、変化の方向を調整し続けることくらいだろう。

よく、「健全な生態系を取り戻す」といった表現が使われるが、その生態系の何が正しい姿であるかということについては、じっくり考えてみる必要がある。地球上の大地と水と大気でできた物理的な環境と、その上に生きるたくさんの生物群集で構成される生態系というものは、常に変化している。人間もその一員である。そして、その生態系が以前と違った姿に変貌したからといって、それはいけないことなのか。あるいはその変化をあるがままに受け入れたらどんな問題が起きるのか。そんな難しい命題を現代の森の変化が突き付けている。

少し考えて、ふと気づくのだが、それを判断する基準は、どこまでいっても人間が頭の中で思いつく基準であり、人間にとって都合のよいことを一番に考えた基準であるということだ。それは人間も他の生物と同様に、無意識に、自らの種を存続させることを目指しているからにほかならない。ただし、この先の未来に、人間社会の中枢に入り込んだＡＩは、人間という種の存続を容認するかどうかはわからない。地球生態系への害という点において、最も強く害を及ぼしているのは人間であると判断するかもしれない。

長い歴史を通して、人間は自然とは何かということを考え続けてきた。そこから哲学や宗教が生まれた。近代以降の、自然を護るために人生をかけてきた人々の情熱も、生物多様性条約が誕生した理由も、そのことに帰結するだろう。現在、人間由来の原因によって自然は大きく姿を変え、さらなる変化を続けている。そんな混沌とした時代だからこそ、新たに誕生する技術を踏まえながら、生命倫理、環境倫理、技術者倫理、等々の観点から、人間のありようを議論して、教育の機会を通して次の世代に伝えていかなくてはならない。

Ⅱ部　国土計画の盲点

日本の人口減少はすでに始まった逃れられない現実である。それに伴って野生動物の動向が変化しているなら、そこから生まれる諸問題にどう対処したらよいだろう。もちろん、人も生物として自らの種の存続を最優先に思考するとしても、これまでの時代のように害獣を駆除することしか思いつかないようでは、あまりに知恵がない。科学技術が私たちの日常にもたらす変化は予想をはるかに超えていく。その進歩が到達した一つの思想である生物多様性保全を踏まえつつ、世界が合意したSDGsの目標に向かって、野生動物とのトラブルの問題に向き合うことを考えたい。おそらくその答えは互いのリスクをできるだけ小さく抑えることにある。それは物言わぬ野生動物に要求することではなく、人間が努力するしかない。

5章　人口減少時代の環境変化

近未来の環境をイメージする

国交省が発表した二〇五〇年の人口マップによれば、人口がピークにあった二〇一〇（平成二二）年現在と比べて、人口が増加する地点は二％しかなく、ほぼすべての地点で人口が減ると予想されている。このうち、人が全く住まなくなる土地が約二割増加するという（図3参照）。これはできる限りの情報が取り込まれた精度の高いシミュレーションである。とはいえ、ここから日本の国土の環境変化を予測するとなると、これまでの経験値では難しいかもしれない。

未来の環境像を固定的なイメージでとらえたところで、日本列島の地理的条件は多様性に富んでいるので、環境の変化にはたくさんのシナリオが描けるものだ。おまけに今から努力しても避けられそうにない地球温暖化による気候変動、予想外の高温や豪雨、そして活発化する火山や地震の活動、それらがもたらす大規模な災害の影響の下で人間も動植物も生きていくことになる。それはすでに始まっていることである。おまけに人間の生み出す技術革新は功罪併せ持つので何が起こるかわからない。すでに体験してしまった福島の原発事故はその最たるものだ。突然に四万人近い人が大移動を強いられ、残された土地には野生動物が増えて、イノシシやアライグマが家の中まで入り込んでいる。

そんなことを思いながら、本章では、人口減少社会について活発に議論のされている都市計画や社会経済分野のシナリオをいくつか紐解いて、近未来の環境の変化について、できるだけ拾い出して考えてみた。なぜなら、そこからイメージされる空間構造こそが、野生動物の動向や人間との軋轢の問題を予測する判断材料になるからだ。

日本の国土を俯瞰する

日本の国土を俯瞰すれば、海には大小さまざまな島があり、本土部には高く急峻な山岳地帯が列島の背骨となって、周囲に低山や丘陵が広がる。そこから川が流れ出し、谷や平地をつくり、やがて広い平野を生み出して海に出る。先人たちは大小の平地を拓いて耕作を始め、定住し、人が集まれば集落ができ、やがて都市が出現した。都市はさらに発展し、拡散的に広がりながら大都市圏が形成された。

山の多い地域を拠点とした人々は、山間の平地を拓いて農地や集落をつくった。あるいは交通の便のよい河川に沿って農地を拓いて集落をつくった。しかし、主要な街道に沿っていなかった地域では、長い間、きわめて閉鎖的な空間の中でささやかな暮らしが営まれていた。高度経済成長時代に都会へと若い労働力が奪われる様子を眺めていた田中角栄は、日本列島改造論を唱え、地方にも東京と同じ暮らしを持っていくとのスローガンを掲げて、全国に交通網を整備した。こうして一九七〇年代以降、便利で快適な暮らしが日本中に広がった。しかしそれでも過疎の問題は解決しなかった。

時代は工業化にけん引され、サービス産業が興隆した。収益を生み出すまでに長い時間のかかる林業も、天候に左右されて手間暇のかかる農業も、次第に衰退して後継者を引き留められなかった。こうして過疎問題が深刻化して、人口は都市部に偏在しながら現代の全体的な人口減少に直面している。

国交省の二〇五〇年人口マップは、あくまでシミュレーションとして山間の集落から確実に人が消えていくと予想している。しかし、仮にそこに新しい勢いを持った若い世代が移り住み、観光、農業、林業を復活させ、コミュニティを形成していくとしたら、人口マップの濃淡も変わってくるというものだ。

コンパクトシティ論

二〇一五（平成二七）年、人口減少問題に対応するために内閣府の下に「まち・ひと・しごと創生本部」が設置され、関連する国土交通省（以下、国交省）、経済産業省、総務省等が具体的な検討に入った。このうち国交省では国土形成計画の見直しに向けて「国土のグランドデザイン２０５０」を策定、その中で「都市機能や居住機能を都市の中心部等に誘導し、再整備を図るとともに、これと連携した公共交通ネットワークの再構築を図り、コンパクトシティを推進する」として、コンパクトシティ構想が国策として前面に出た。このコンパクトシティの是非については、都市計画分野でさまざまに議論が起きている。

そもそもコンパクトシティの概念は、一九七二（昭和四七）年にローマクラブが発表した報告書『成長の限界』に始まる。この書は、このまま人口増加や環境破壊が続けば、資源の枯渇と環境悪化で一〇〇年以内、おそらく五〇年以内に成長の限界に達し、人類と地球は破滅的な結果を迎えるだろうと警告して、先進諸国を中心に世界に衝撃を与えた。この『成長の限界』の中で、持続可能な社会に向けた問いかけを背景に、都市機能が外側へ外側へと無秩序に広がっていくスプロール化に対抗する概念として提起されたのが「コンパクトシティ」である。それが日本に影響して、二〇〇六（平成一八）年の国交省所管のまちづくり三法（中心市街地活性化法、大店立地法、都市計画法）の改正時に、すでに問題となっていた都市機能のスプロール化やドーナツ化（空洞化）現象（図28）に歯止めをかけるために、コンパクトシティの考え方が取り込まれた。

コンパクトシティの定義についての報告書や論文によれば、都市活動の密度が高いこと、効率的な空間利用、自動車に依存しない交通環境負荷の小さい都市、都市機能が無秩序に拡散しない、空洞化を抑えた、農業的土地利用との共存・共生、コミュニティにおける安全・安心の生活環境、資源や環境問題に対応する持続的な都市形態、自然環境との敵対的な姿の修正、地方都市を囲む農村や中山間地域との調和、等々の文言が拾い出せる。興味深いことは、人間にとっての効率性、快適性を追求し

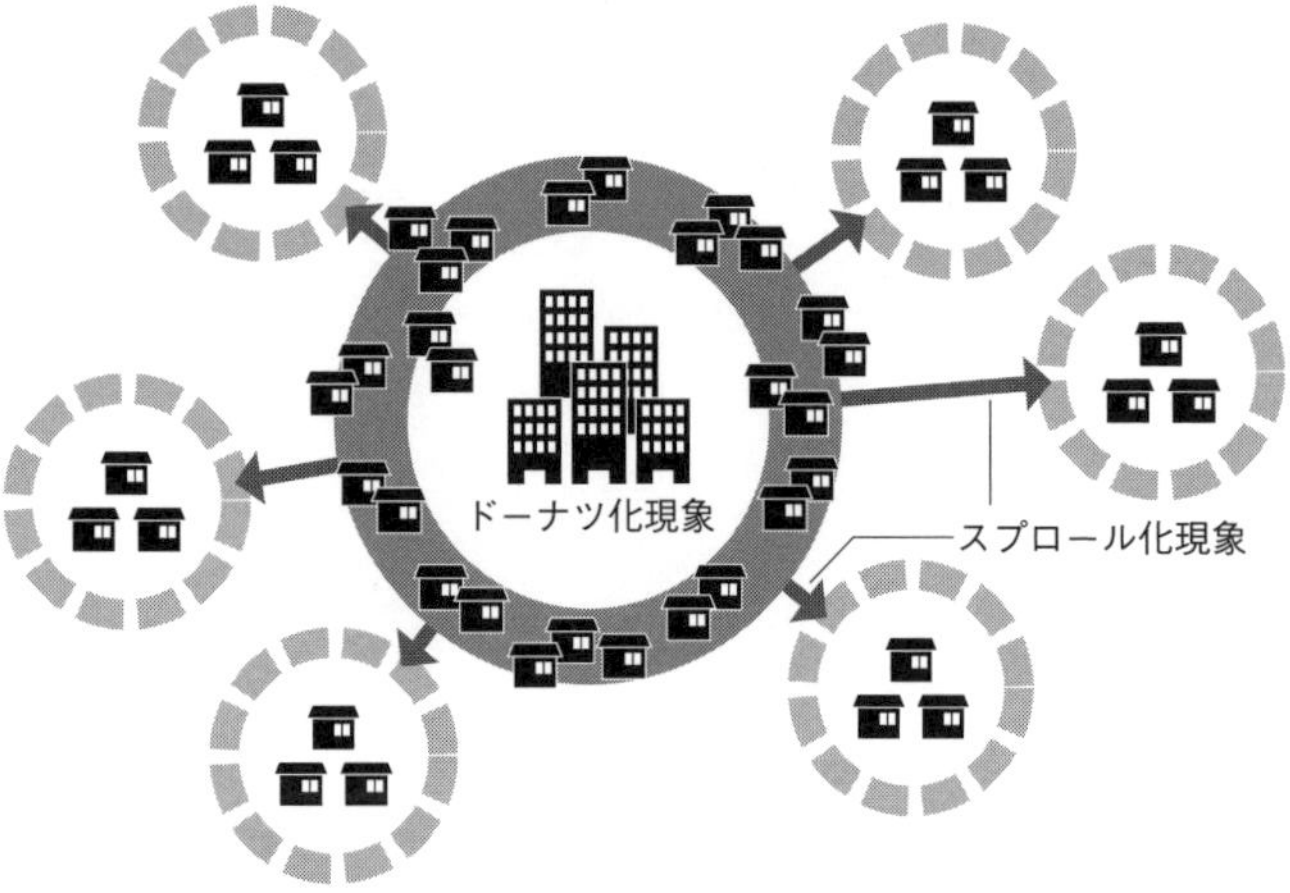

図 28　スプロール化現象とドーナツ化現象。ドーナツ化現象は、地価の高騰や生活環境の悪化により人が郊外に移動して、都市の中心が空洞化することである。スプロール化現象は、虫に食い荒らされたように都市が無秩序に拡大していくことである。

た都市機能の概念といっしょに、自然との敵対的関係の解消というエコロジカルな概念が含まれていることだ。しかし、その概念の元になる自然のイメージには、二〇世紀の幻想を引きずったままの危うさがある。すなわち自然の持つ害性についての配慮が抜け落ちている。

小さな拠点

国交省が推進するコンパクトシティ構想では、地方都市を囲む農村や中山間地域の集落にもこの考え方を適用し、「コンパクト＋ネットワーク」のキーワードを掲げて、国土の細胞としての「小さな拠点」づくりを推奨している。「小さな拠点」とは、小学校や旧役場庁舎等の既存施設を活かしつつ、商店や診療所等の日常生活に不可欠な施設等を歩いて動ける範囲に集め、集落どうしのアク

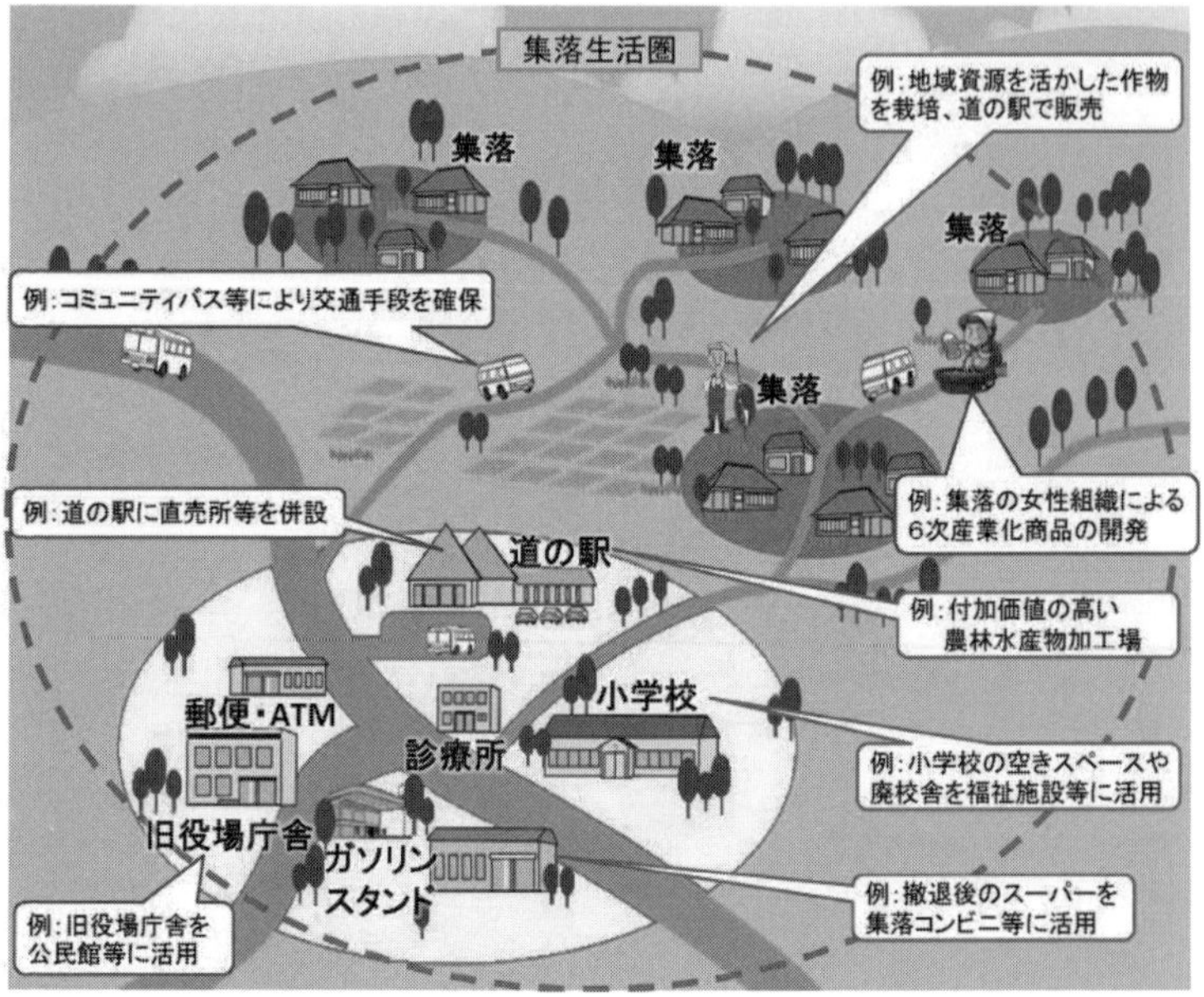

図 29　小さな拠点
出典：内閣府・内閣官房まち・ひと・しごと創生本部『住み慣れた地域で暮らし続けるために〜地域生活を支える「小さな拠点」づくりの手引き』p.4 の図：「小さな拠点」づくりの取組イメージから転載。

セス手段を確保した拠点とする概念である（図29）。

客観的に見ると、ここでいう小さな拠点とは、人口減少プロセスで税収難になっていく自治体において、行政サービスを効果的に住民に投下することを考えた当然の政治的帰結である。要するに離れた奥山にばらばらと人が住んでいたなら、特に高齢者であるほど、日常の買い物、病院、郵便のサービス、さらに諸々に関する移動手段も含めて、それらのケアという切実な問題に対応できない。そのためにも、できるだけすみやかに集まって暮らしてほしいということだ。

おそらく子育てを抱える若い世代

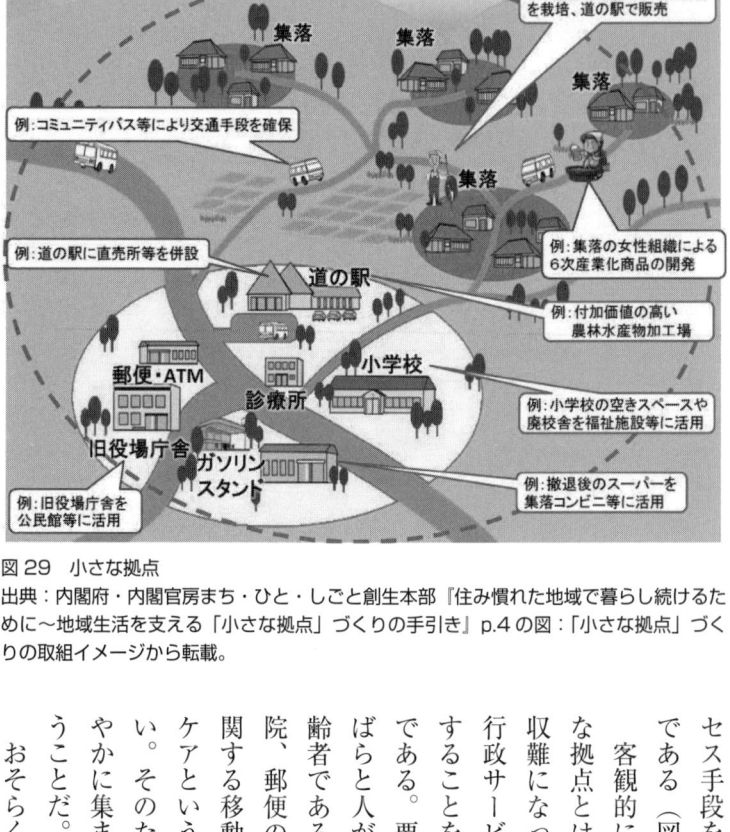

なら、保育、教育、仕事のさまざまな理由から、集まって暮らすためにも移住することにもためらいは少ないと思われるが、先祖代々、土地と結びついて生活をしてきた世代ほど、そして人は歳をとるほど、移住という大イベントに抵抗を感じるものである。それでもいよいよ身体が動かなくなれば、有無を言わさず医療機関や介護施設に移る時が来る。その年齢層を考えれば、それほど先のことではないだろう。自治体は、それまでの過渡期のケアについて工夫を重ねている。

そうした努力さえ踏みにじる大きな要因は、今世紀になって毎年のように日本のどこかで発生する災害である。集中豪雨による土石流や洪水が容赦なく家を押し流し、田畑を埋め尽くして、人々の移動を強いる。そのとき、高度経済成長時代あるいはそれ以前につくられた、道路、橋、トンネル、あるいは、ガス、電気、水道、といったインフラを災害後に復旧させるだけの財力、体力がどれほど残っているだろうか。あるいは各地で頻発する災害に国の補助がどれほど対応できるのか。ここが政治の判断のしどころだが、おそらくすでに打ち出された小さな拠点構想に沿って、ドライに切り捨てられていくのだろう。

都市計画に関する情報を眺めていると、都市というものは実に生きもののように機能していることがわかる。人間という動物の生態を表現しているようにも見える。日本の都市開発の歴史は、交通機関が敷かれ、駅を拠点とする商店街が生まれ、人が集まって活気を帯びる。その商店街を維持するために大型店舗の出店を規制したら、自動車が主流の社会が出現し、郊外に大型店舗が次々に誕生して、そこに人々が分散的に集まった結果、駅前の商店街はシャッター街へと移行した。さらに追い打ちをかけるように人口減少時代に入ったので、都市は急速な変化を見せている。この半世紀を切り取ってみても、都市は粘菌のように生々しく変化している。

そんな人間活動の変化に対応して野生動物の分布も変化してきた。そんな様子を俯瞰するなら、すべてをひっくるめて生態系であるという科学的概念を受け入れないわけにはいかない。そして、その意味でも、二一世紀の私たちの生き方を設計するにあたっては、生態系の全体をイメージする、エコシステム・マネジメントという考え方を軸に据えるべきだろう。そして、国土計画、あるいは都市計画にも、エコシステム・マネジメントを主要なツールとして機能させるような思考法、あるいは社会システムへと早く転換していくべきだろう。

都市のスポンジ化と野生動物の侵入

いろいろ文献を読む限り、持続的な成長を実現できるように、限られた資源を集中的・効率的に利用しようとするコンパクトシティ構想の長期的な方向性については概ね賛同されている。ただし、直近の時代の中で、現状をシフトさせていくプロセスにおいては課題が多すぎて、実現性が疑わしいとの否定的な見解もある。たとえば饗庭伸は、『都市をたたむ』という本の中で、コンパクトシティへと移行するときに浮上する課題と、その効果的な移行の方法論について書いている。この場合の議論の前提として大事なのは、都市はスポンジ的に縮小していくということだ。

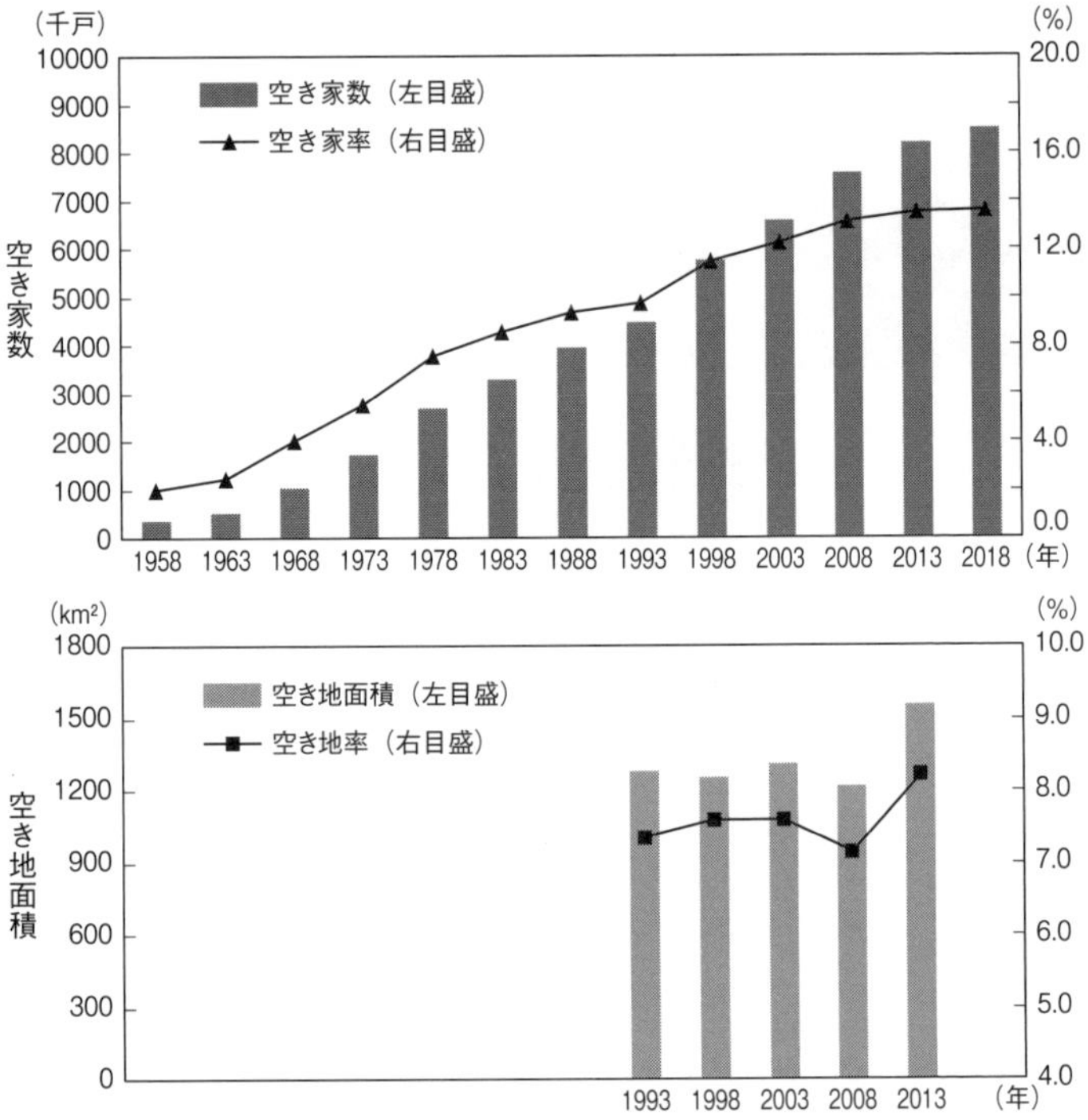

図 30　全国の空き家、空き地の数と割合の推移
出典：空き家は総務省「住宅・土地統計調査」より。空き地は国土交通省「土地基本調査」より。

スプロール化によって生み出された都市空間は、基本的には戦後の農地改革で細分化された土地所有権の上に成り立っている。そのため、人口の低密度化によって都市が縮小期に入ってくると、都市そのものが小さくなるのではなく、大きさは変わらないまま、その内側の小規模に細分化された土地所有権の単位で、不動産市場的価値の違いによるさまざまな構造変化がランダムに生じるという。具体的に言うなら、都市の中に空き家、空き地、耕作放棄地、空洞化した商店街、等々の小さな孔

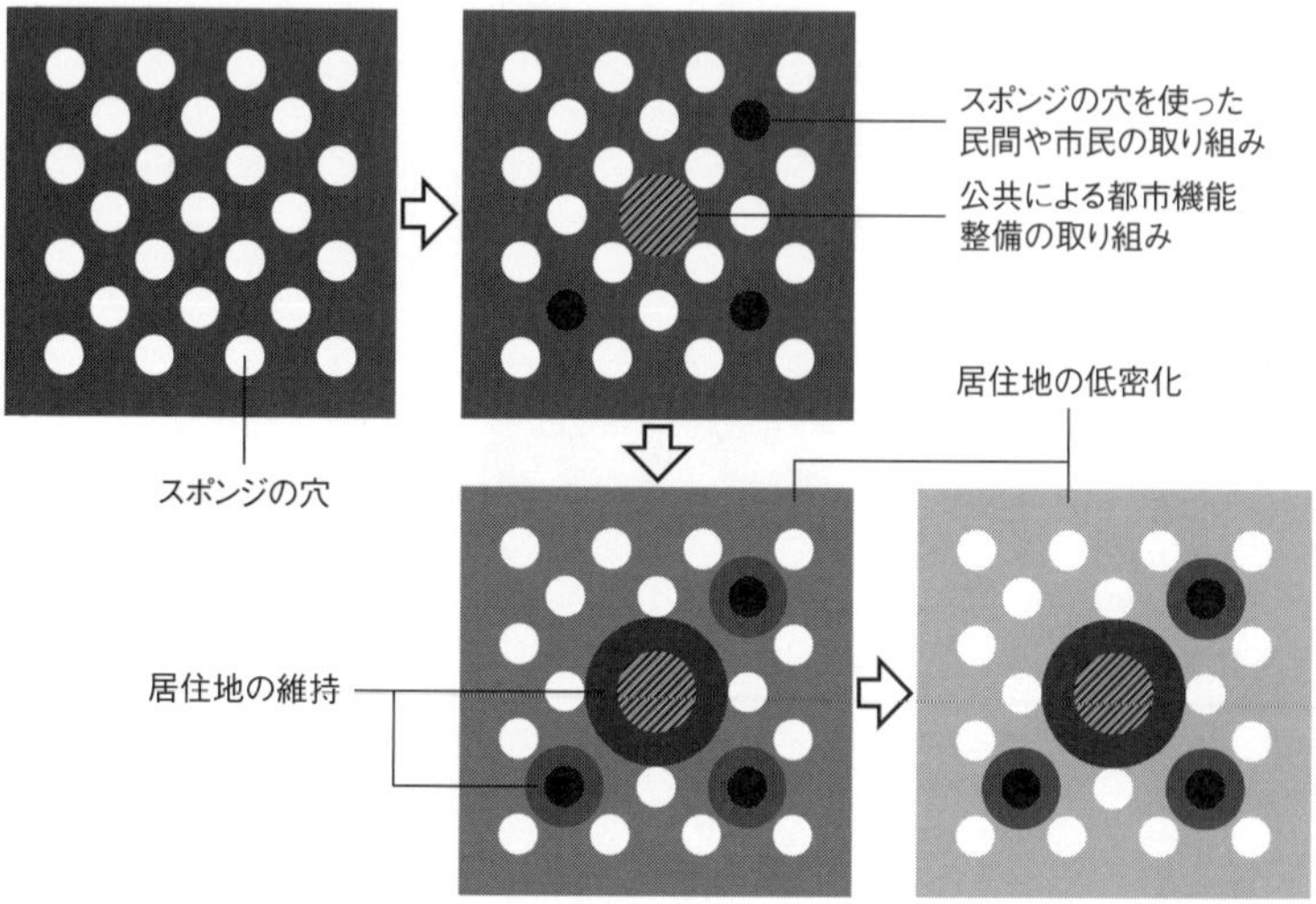

図31 「都市をたたむ」イメージ。スポンジの穴（空き家や空き地）を活用し、その地区を維持しながら、次第に都市を小さくしていく。
出典：東京都立大学・饗庭研究室の資料を参考に作図。

隙がばらばらに空いていく。そのことを饗庭は、「スポンジ化」と表現する。

大都市は人口減少期になっても人が集まるので、あまり影響を受けないまま高密度な都市へと変化していく。しかし大都市郊外では、いまのところ空き家率は低いものの、いずれスポンジ化が進む。さらに大都市から六〇～七〇キロ圏にある大都市超郊外と呼ばれる地域では、すでに限界集落ならぬ限界住宅と呼ばれるような状況に移行して、空き家や空き地が目立っている（図30）。その状況は地方都市の中心部でも同じである。

饗庭は、スポンジ化によって出現するスポンジの穴、すなわち空き家や空き地をマイナスにとらえるのではなく、様々な用途で活用し、それを混在させていくことが、その地区の維持につながり、新たなライフスタイルに向けた可能性を秘めているものとしてとらえ、都市を小さくつくり変えていく技術について提案している（図31）。そして、都市の中心部にまとまって住まわせ、公共サービスも集中させて周辺部からの移住を誘導しようとする、「選択と集中」論に基づく国主導のコンパクトシティ政策の実現性の乏しさについて指摘している。

実は、こうした分析や提案は、野生動物の問題と密接にリンクしている。スポンジ化した都市の将来像とは、人が使わなくなった草木の生い茂る耕作放棄地や空き地、庭木の生い茂る空き家のモザイクであり、その中に人の住む居住地や農地が散在することになる。それはうまくすれば、緑が多く、農と密着し、かつ都会的暮らしまで楽しめるような、人々の快適な生活環境の創造につながるのかもしれない。しかし、そのことは同時に、野生動物にとっても都合のよい侵入路や行動拠点を生み出すことにもつながるので、コミュニティの住民は野生の動植物のもたらす害性リスクと主体的に向き合っていく立場になるということである。

境界線の人々の消滅

ここからは、都市の外側に目を向けてみる。都市の周囲には過疎化が進んだ農山村が広がっている。かつて活発に営まれていた狩猟や農林業等の人間活動が衰退した結果、何が起こっているのか。

狩猟は直接的に野生動物に影響を与えてきた。古代に田畑を切り拓いた時代からずっと、野生動物は農地の害獣として捕獲されてきた。明治の近代化とともに毛皮が国際市場に向けて輸出された時代には、高値で買い取られるので狩猟者による捕獲の圧力が高まった。だから野生動物は常に追われる立場として警戒心を維持していたに違いない。

野生動物に影響を与えたもう一つの重要な要素は人間による環境利用である。江戸時代には、はげ山が広がっていたということはすでに3章で書いた通りである。そして、明治以後の富国強兵策、殖産興業策によって、さらに奥山まで森林が切り開かれ、農地が開かれて食糧増産が進んだ。そして一五〇年続いた人口の急速な増加時代が始まった。

人口増加は人々の資源需要を増やすので、日常の食糧ばかりでなく燃料の需要も高まった。製鉄、製塩、養蚕といった産業の発展も火を焚くために木材需要を高めた。こうした事情は野生動物の生息環境をどんどん侵食して、裸山にしていった。当然、その過程で人目につきやすくなった野生動物は、銃やワナで積極的に獲られ、両者の間には明確な棲み分けの境界線が発生したと想像される。

その境界を維持してきた人々こそ百姓と呼ばれ、農林業をしながら、生活のために草木を刈り、畑の害獣を獲り、少し特殊な技術を持つ人は農閑期には猟師となって野生動物を獲って換金する生活をしていただろう。そこには確実に、自然と向き合って生きる生活の技術がこまごまとあって、野生動物を追い返していたに違いない。何せストレートに人の命がかかっていたのだから。

ところが、高度経済成長期を通して若い労働力が都市部に吸収されると、こうした境界の人々の生活技術の後継者がいなくなった。さらに残された人々が高齢化したことによって、順に、過疎、限界集落、廃村、といった過程を経て現在に至っている。この境界線の人々の消滅こそが、野生動物と棲み分けてきたディフェンス構造の崩壊につながったと考えられる。

人の減っていくこれからの時代に、同様のディフェンス構造を生み出すことができないのなら、必要なことは焦点を絞って対応することだろう。すなわち野生動物がいては困る空間を明確にして、そこから彼らを排除し、さらなる侵入を予防的に防ぐことである。あるいは排除とまではいかなくとも、密度が高まっては困る空間ではそれを抑制することにエネルギーを割くことにつきる。もはや獲り尽くせるなどと勘違いしないことだ。二〇一三（平成二五）年に始まった国の「抜本的な鳥獣捕獲強化対策」が功を奏して、仮に一〇年で個体数が半減したとしても、彼らは動き回る野生動物だから、相変わらず、あるところでは密度が高まり、問題がなくなることはない。だからこそ国が投入している毎年の予算は、もっと実質的な効果のために使うべきである。

必要な技術のヒントは、かつての境界線の人々の生活の中にある。捕獲と組み合わせながら、草刈りや伐採など、日頃から生活環境を手入れし続けることによって、獣の心に警戒心を醸成し、再度、心理的な棲み分けのバリアを生み出すことである。

管理の行き届かない森林

日本の森林は、山の奥に入り込むほど林野庁の管轄する国有林が配置されて、重複して環境省の管轄する国立公園などの自然公園地域が指定されている。あるいは自然度の高い特殊な地域には自然環境保全地域などが指定されている。こうした地域は、自然度の高い状態で維持していくことにこそ意味がある。

一方、国有林の歴史的経緯から、主としてスギ、ヒノキ、カラマツが植林されて、伐採の適期を迎えている人工林地域がたくさんある。また山麓にかけては、公有林と呼ばれる都道府県や市町村の所有する森林、あるいは私有林あるいは民有林と呼ばれる個人や民間事業体の所有する人工林が広がっている。里に近い私有林のほとんどは、かつて燃料などに利用されてはげ山になっていた斜面に、戦後になってから植林が強化されて、人工林として成立した森林である。

日本の森林をもう一度繰り返して紹介すると、日本の国土三七万八千平方キロのうち、六七%が森林で、そのうち三一%が国有林、一一%が自治体の公有林、五八%が個人や企業の所有する私有林である。そしてその約四割が人工林（人が植えた森林）、約五割が天然林（自然に生えている森林）、残りの約一割が無立木地・竹林である。面積ではなく蓄積された木材資源量としては、二〇一七（平成二九）年時点で五二億立方メートルに達しており、統計データの残っている一九六六（昭和四一）年に比べて二・七倍、人工林だけを抜き出すと約六倍の三三億立方メートルの蓄積量に達しており、現在、日本の人工林の多くが伐採適期を迎えている。

国は伐採促進に向けた政策を進めてはいるものの、活力ある林業事業体が減少してしまって、その復活は難航している。林業という産業的視点にとどまらず、森林が国土の七割を占めるというのに森林管理の技術者が枯渇してしまうということは、国土保全の観点からも危機に直面しているととらえなくてはならない。その理由はいくつか挙げられる。

高度経済成長期に工業に労働力が奪われてしまったのは、林業の収益性の低さによるだろう。その理由は戦後の日本の林業が輸入材に押されて産業として成り立たなくなったことによる。生計が成り立たなければ出稼ぎに出るしかなく、技術の後継体制が崩れて林業は衰退した。外材を輸入することの問題はほかにもある。日本では情報が乏しくてあまり知られていないのだが、世界でもトップクラスの外材輸入国である日本は、世界各地の森林を伐採して、その場所の多くの生物を生存の危機に追いやって、強く批判の目にさらされている。

それでも日本が木材資源を必要とするなら、伐採適期を迎えた大量の国産材を放置していることこそ矛盾している。先代が苦労してつくり上げた人工林は、国外の生物多様性を護るためにも利用しなくてはならないだろう。日本の森林・林業の再生、そして森林管理技術の維持は、急峻な国土の保全を必要とするこの国の宿命である。そのことを理解しないまま、単純な市場経済の論理で木材輸入を促進するような政策は、ＳＤＧｓに反するものとして改善する必要がある。

特定の地域に何日も豪雨が降り、山の斜面から樹木が根こそぎ剥ぎ取られるように押し流される災害が増えている。ドローンによって上空から撮影された映像を眺める機会が増えたが、特に根の浅い植林木が土砂とともに流されて、山麓の宅地や耕作地を破壊的に押しつぶしている。こうした災害の跡地は、放置すれば二次的な災害につながるので、住民の移動を強いるきっかけとなる。

もう一つの現代的な課題は、全国的に竹林が増殖して分布を拡大していることだ。これは森林の放置が原因であり、かつてのように竹を資源として利用しなくなったことによる。切らなければ勢いのまま増殖していく竹林は、そのままタケノコを好むイノシシの潜む環境になっていく。

河川が動物たちの「回廊」になる

日本は水の豊かな国だ。水の生み出す自然も、水田を基調とする人々の暮らしも日本の風土の主要な要素となってきた。その一方で、水をめぐって争いが生まれ、氾濫する河川が人々を苦しめたので、水を制する者が有能な為政者として称えられもした。

近代化が進むとともに河川は土木的に管理され、ダムや堰堤がつくられて、護岸がコンクリートで覆われた。産業構造の変化によって水は多面的に利用され、ゴミや汚染水を流し去る場にもなった。その結果、工業化の進んだ一九六〇年代から公害が大きな社会問題となった。それから半世紀、汚染水の垂れ流しが規制されて川の水はきれいになり、生物多様性を保つ河川の意義が見直されて、河川そのものの自然再生事業が進むことになった。どす黒い川の表面に洗剤の泡と魚の浮く光景を知っている世代にとっては、驚きの変化である。

今世紀初頭の頃には生物多様性保全の観点から「緑の回廊」が重視され、分布域が小さく孤立した生物の集団の絶滅を回避するために、移動路をつくるようになった。そのとき、河川の護岸や河川敷が、隣接する生物集団の分布域まで動物を線的に移動させる回廊機能として注目された。それは、その時代としては意義深いものだったが、各地の河川にはいつのまにか植物が繁茂し、成長して、場所によっては森のようになっている。おそらく河川管理上の問題がない限り、河川整備に余計な予算をかけられなくなったせいもあるのだろう。まさに自然に回廊ができ上がっている。

その結果、山の中を移動する野生動物が、森の延長としてそこに入り込んでくる。緑の回廊は平野の真ん中まで動物を導いてしまうので、緑の途切れたあたりから、なんだかおかしいと思いながら川から上がってみた動物は、突然、都会の真ん中に放り出されて慌ててしまう。おまけに人に気づかれたなら大捕り物になる。すでに各地でそんな騒動が起きている。二〇一九（令和元）年には荒川に沿ってイノシシが都心に現れ、二〇二〇（令和二）年六月には、シカが東京二三区内である足立区の荒川河川敷に現れた。

大型動物が都市部に現れたならこのようにニュースになるが、中小型の動物であったなら問題にされることもない。川から上がった場所に生ごみや果樹園があれば、食べものが手に入る場所として学習してしまうので、なかには頻度高く訪れる個体も出てくるだろう。それをきっかけに人間や人工的空間になじんでいく可能性が高まっていく。

河川そのものにも、土手に穴をあけて構造的に弱体化させてしまう外来動物のヌートリアや、土手の植物の根を掘り返して崩していくイノシシの問題が起きてくる。このまま人がいなくなれば、そうした問題すら見つけにくくなるのだろう。

道路も鉄道も越えて分布拡大

回廊論で注目された一つに道路や鉄道がある。その構造物に沿ってつくられる緑地が線的な移動路として評価されつつ、もう一つの機能は、バリアとして動物の移動を遮断する効果にある。道路を横断する動物が車に轢かれてしまうことをロードキルというが、動物の分布域を分断するように道路がつくられると、そこを横断しようとする動物が頻繁に轢かれる。それでその下にトンネル構造物を設置するような事例が流行った。

ところが、今世紀初頭の日本ではすでに過疎が進行しており、野生動物の分布拡大が始まっていたと考えられる。当時は研究者も認知していなかったことだ。野生動物は分断された分布域を往来するためだけではなく、道路を横断して山から里へと分布を拡大していたのだった。その後も高速道路に飛び出すシカやイノシシは少しずつ増加して、現在では、全国各地の鉄道で大型野生動物が衝突する事故が増えている。そのたびに列車が停まるので、ダイヤが乱れて鉄道会社にとっては非常に大きな問題となっている。現在、事故防止の努力がさまざまにされているとはいえ、決定打はないようだ。

道路や鉄道は直線的に見通しがよく敵を見つけやすい。そして森の脇であれば素早く姿を隠すこともできる。さらに藪もないので移動するにも都合がよい。路傍の草木はシカにとっては食物になるし、鉄の線路をなめてミネラルを摂取しているとの情報もある。また、植物の根を掘り返して食べるイノシシによって土留めが掘り崩され、おまけに豪雨が来るたびにそこから道が壊れるといったことが繰り返される。

野生動物の最適な生息環境となる郊外

日本の農地は、複雑な国土の上に大変な苦労を重ねて拓かれて成り立ってきた。農業を営むということは自然と対峙して生きるということであるから、農という人の営みが失われてしまえば、植物が繁茂して野生動物の棲む自然へと戻っていくものだ。それが自然の成り行きである。

四方を樹林に囲まれた山間の小さい農地ほどその可能性が高いものだが、広い平野の農地では、地域によって様々な様相を見せる。現在でも広大に活発な耕作が続けられている農地もあれば、スプロール化によって都市が散漫に拡大したせいで、農地と都市的構造物、あるいは樹林地が細かいモザイク状に配置されてきた地域もある。そしてそれらの地域で起きていることは、先に挙げた小さな単位で空き地や空き家が増えて、いわゆるスポンジ化が進んでいるということだ。

モザイクの中で細々と所有権の分かれていた農地では、所有者が農をやめてしまえば小さな耕作放棄地が発生する。そこには植物が繁茂して小さな区画単位で自然に戻る。そればかりかその場所は隠れ家や食べものを野生動物に提供していく。耕作をやめても果樹は実をつけるし、隠れ家となる藪の向こうには農業を続けている農地があるので、すぐに食物として農作物が手に入る。空き地も空き家の庭木も植物が茂り放題になる。人が棲まなくなった空き家なら、ガラスを突き破って野生動物が入り込む。そこは雨風を避けられるので快適な出産・子育ての場所となる。まだ街に居住者が残っているのなら、ごみの集積所に行けば定期的に栄養価の高い生ごみが出てくる。まだ人が暮らしている人家に危険を冒して忍び込んだなら、冷蔵庫の中には食べものがいっぱいだ。

こうして、郊外の空間は、野生動物に快適な暮らしを提供して差し上げるものとなっていく。おまけに市街や公道での銃の発砲は法的に禁止されているのだから、街中に入り込むほど猟犬や猟銃を持った猟師に追いかけ回される危険はない。人間の仕掛けるワナにだけ気をつけていれば怖いものなしだ。そのことを野生動物はすぐに学習していく。

こうした現象が、都心から離れた超郊外で、都市近郊の郊外で、順に増えていると見てよいだろう。平成が令和に変わった二〇一九（令和元）年現在、すでに全国各地で散見されている現象だ。今の時点で何も手を打たなければ、被害の発生する地域は徐々に拡大して都心に近づいてくる。そして害をもたらす動物の種類も増えていく。

都市の環境変化

実のところ、野生動物はすでに都市空間に侵入している。アーバンフォックス、アーバンタヌキとして都会に出没する野生動物が興味深くニュースで紹介されたのは、すでに数十年も前のことだ。都市には、毎日のように大量に生ごみが排出され、それに依存して、ドブネズミ、クマネズミ、ノネコ、カラスなどが棲みついて、浮浪者と食物を奪い合ってきた。カラスばかりでなく、ドバトやムクドリの群れも増えている。そうした鳥を狙って猛禽類も出現している。近年はアライグマやハクビシンという中型の外来動物が東京二三区内の住宅に潜り込むようになった。

以前と比べた大きな変化は、サル、イノシシ、カモシカ、シカ、クマといった大型動物までもが、都市部に侵入する頻度が高まったことだ。東京都内でも、すでに国立市までシカが出た。府中市内のJR武蔵野線とイノシシが衝突事故を起こしている。二〇一九（令和元）年一二月には、足立区や国立市、立川市でイノシシが出没、アーバンイノシシだと大騒ぎになった。六甲山と海に挟まれた神戸市では、市街地の真ん中にイノシシが居座ってコンビニの買い物袋を襲っている。もう、珍客などと言っている段階ではない。

都市には歴史的メモリアルとして維持される庭園、大小の都市公園、生産緑地、個人の庭など、意外に緑が多く点在する。また人工構造物には野生動物が潜むのに都合のよい空間がたくさんある。栄養価の高い食物は人間が日々大量に廃棄しているし、庭には実をつける植物が植わっている。彼ら自身が恐れない限り、ディズニーアニメの都会のネズミに出てくるバラ色の都である。

彼らが恐れなくなる理由は、人の住む空間では銃が発砲できないことや、犬が放し飼いになっていないことにもある。実は山の中にいるよりもずっと安全であることに、彼らが気づいてしまったら後の祭りだ。頻繁に訪れているうちにその居心地のよさに気づいたら、そのまま居ついてしまうだろう。そして、その親から生まれた子供はそこがホームになる。そうなれば、警官や役場の人たちが通常業務を放り出して、毎日のように大捕り物が繰り返される。そんなことが日常茶飯になることの大変さに早く気づくべきだろう。

この先の時代にあっても人口は減らないと言われている東京や大阪のような大都市はどうだろう。今後も何度となく再開発が繰り返され、先駆的な未来都市として変貌を遂げていくだろうか。それでも人は緑を好む。自然を壊し尽くしてきた近代化の反省から、都市計画のプランナーは人と自然の調和をテーマに、緑の多い街づくりを目指すものだ。都心であっても四季折々に野鳥がやってきて、さえずってくれるのはうれしい。しかし、そんな幻想が許されていたのは、都市郊外の、さらに遠く離れた森の中で猟師が日常的に獲物を仕留めていた時代のことである。

境界線の人々がいなくなり、農山村で暮らす人々の日常生活によるバリアがなくなった現在は、害性のある野生動物と棲み分けることを意図した、予防的な都市環境を意識してつくり上げていかなくてはならない。そのことを都市計画の重要課題の一つに入れ込まないと、大変なことになる。コンパクトシティ構想が掲げる「小さな拠点」も、郊外や都市部の「スポンジの穴」も、野生動物との対峙という視点を盛り込むことが必須であって、一刻も早く手を付けるべきである。また、都市の住民たちも、頻繁になっていく野生動物の出没に騒ぐばかりでなく、その現実を冷静に認め、向き合う覚悟を持つ意識改革が必要になっている。

6章　コミュニティへの侵入を防ぐ

野生動物と棲み分ける

野生動物が人の生活空間に侵入してきたときに発生する問題は、すでに2章に示した通り、けっこう深刻なものである。農林水産被害はもちろんのこと人身事故や感染症の被害もある。それらを避けるには、できるだけ互いに棲み分けたほうがよいだろう。情報が拡散する現代社会では、ひとたび問題が起きれば、害獣など徹底して駆逐しろという、できもしない極端な意見が出てくるものだ。そんな暴走を抑制しながら冷静に作業を進めることは、とても難しい。

さらに人口減少時代には、野生動物が起こした問題に対処する人も資金も限られてくる。ならば、できるだけ予防に重点を置いたリスク・マネジメントが必要である。今風に言えば、そのほうが圧倒的にコスパがよいからだ。

そもそも人間の生活する場所と害性のある野生動物の棲む場所は、できるだけ重ならないほうがリスクは下がる。さらに、今では社会がその正当性と必要性を認めた生物多様性保全の立場に立てば、もともと日本にいた野生動物を根絶させることはやってはいけない。それならば、彼らがこちらの空間に入ってこないようにするしかないだろう。そのかわり、相手の空間に入るときは人間の側が配慮しながら入っていくということだ。

棲み分けの方法はすでにはっきりしている。こちら側の空間で野生動物の好む要素をきちんと管理すること、侵入を可能にする環境の連続性を断つこと、そして野生動物が人間や人工的環境に対して警戒心を持つようにすること、の三点である。それは、すでにⅠ部で書いてきたことだが、それぞれの地域で、昭和時代の人々の暮らしぶりを丁寧に振り返れば理解することができる。ただし、人口減少時代にあっては、どこでも同じように対処することはできないので、棲み分けのために、それぞれの地域で先に挙げた三点を、どこに、どのようにセットすれば新たなコミュニティへのリスクを最も小さくできるかということの工夫をすることだろう。

棲み分けるためのゾーン区分

ところで、本章ではコミュニティという言葉を、人が集まって暮らす空間という意味で使うことにする。コミュニティには、住宅を中心とした市街や集落もあれば、国交省がコンパクトシティ構想で語る大小の都市的な空間も対象になる。

人が多く集まる場所ほど、住宅のほかに、役場、医療施設、学校、保育、介護、商店（コンビニ）、

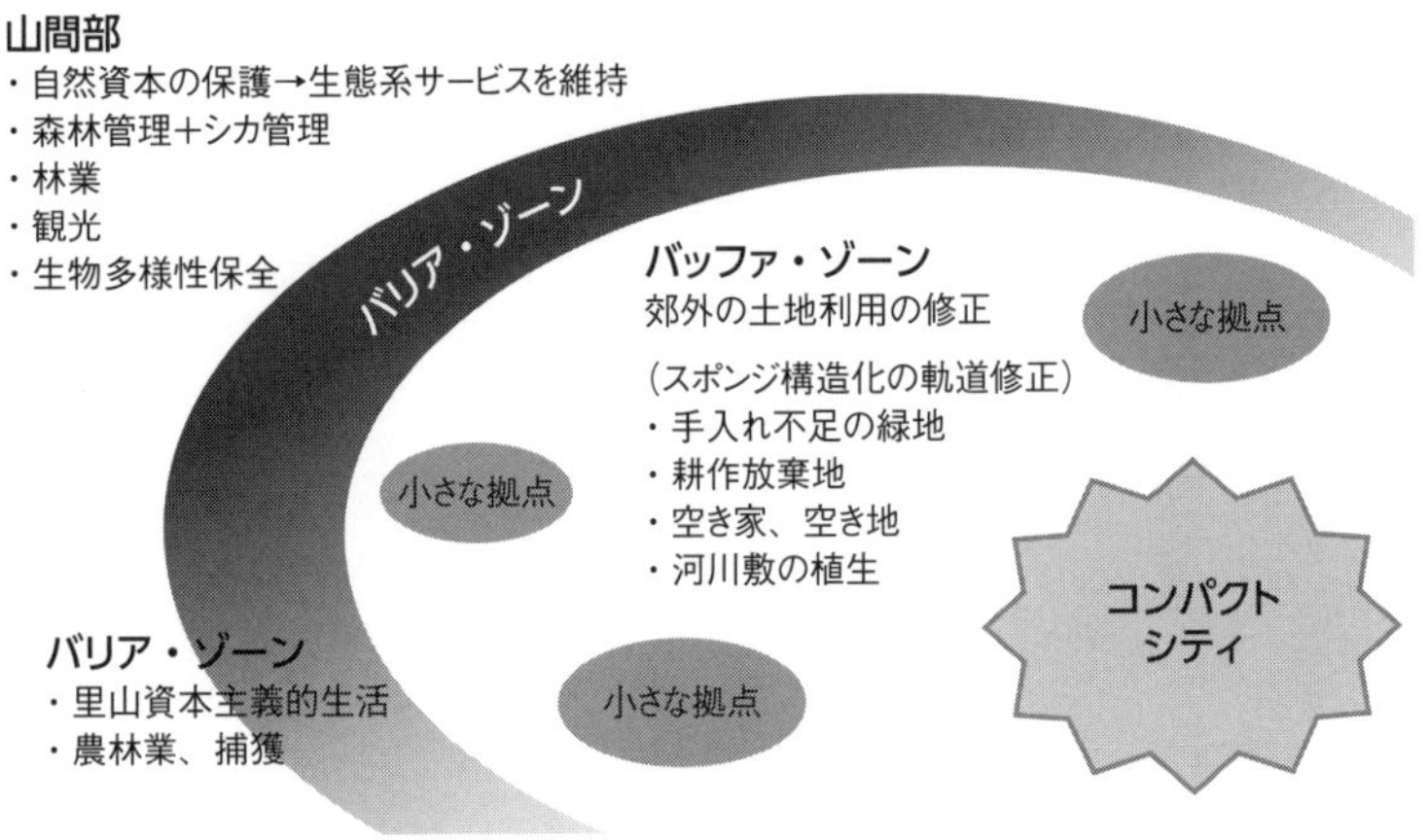

図 32　野生動物と人の生活空間との棲み分けの概念図

郵便、宅配、公民館、図書館といった、公的サービスや生活に必要な機能が集約された空間が求められる。さらにそこに、コンパクトなエネルギー供給施設や廃棄物の循環処理施設などが必要になる。それらが整えられたコミュニティこそ国際社会が目指そうとしているSDGｓの持続可能な社会の姿として理想的なのだろう。

まずは5章で取り上げたスポンジ構造論を前提として、野生動物が侵入してくる場面を想像してみる。野生動物の健全な生活を保障する生態系を山の中と設定するなら、山からコミュニティへの侵入をくい止めることが「棲み分け」である（図32）。

棲み分けをコミュニティの側から考えるなら、コミュニティを取り囲む、都市計画論でいうところの、郊外、超郊外、あるいは農地の広がる空間が、野生動物の侵入を防ぐ緩衝帯としてしっかり機能していることが大事になる。ここではその空間を仮に「バッファ・ゾーン」と呼ぶ。もちろんそこにも人の住まいや暮らしが分散して存在するのだが、そこでの対応は生活機能が集約されたコミュニティの中とは分けて考える。

さらにその先で人と野生動物が対峙する最前線の、山と平地のぶつかるあたりでは、里地・里山論で提案されるような人間活動を通して、たとえば林業、炭焼き、竹林の伐採などの活動で環境を改変したり、銃や猟犬を使った狩猟を行ったりして、常に野生動物に警戒心を抱かせて心理的バリアを機能させる。この境界に当たる空間を仮に「バリア・ゾーン」と呼ぶことにする。

この「バリア・ゾーン」と「バッファ・ゾーン」で、害性のある野生動物の侵入をしっかりくい止めることができたなら、人の暮らすコミュニティの内側には、緑の豊かな街や人々の心地よい暮らしを展開することができるだろう。しかし、もし侵入されれば、コミュニティ内の緑地は害性のある動物の生活拠点となってしまう。実は、野生動物の侵入を予防的に防ぐための環境整備については技術的な実証事例が不足している。したがって、できるだけ早く都市計画分野による科学的・技術的検証が必要である。動物の種ごとの行動特性、あるいは個体レベルでの人工構造物や人に対する馴れ具合、それらに緻密に向き合うことは、これからの時代の必須の社会インフラ要素となる。

棲み分けるための捕獲

野生動物を遠ざける重要な要素の一つは狩猟であり、害性のある野生動物をその先まで出没させないように、バリア付近でこそ重点的に、また継続して捕獲活動を展開する必要がある。捕獲は野生動

表２　ワナの種類

	箱ワナ	囲いワナ	くくりワナ
概要図		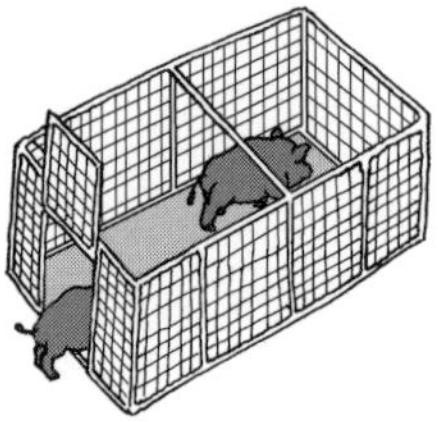	
期待できる捕獲数	1～2頭 (幼獣の場合は4～5頭)	1～5頭	1頭
餌付け	必要	必要	不要
利　点	移動・運搬が比較的容易	一般的に面積が広いため、一度に多頭捕獲が可能	小型で軽量、安価 一人で設置作業が可能
課　題	一度に捕獲できる頭数が少ない	設置・解体・移動に労力を要する 高価	一度に1頭しか捕獲できない

出典：『福島県避難12市町村 イノシシ被害対策技術マニュアル』p.83を参考に作表

物と直接に対峙する行為だから、動物に人への警戒心をもたらすためにも必須のことだ。

地域の狩猟者の間で継がれてきた捕獲技術は、現場の地理的条件、対象動物の生息状況、あるいはその行動特性に応じて工夫が重ねられてきたものだが、これからの時代の現場の状況や目的に応じて方法を選択しなくてはならない。技術的な詳細はその分野の手引書にまかせるとして、大まかな話をすれば、山際の農地に害をもたらす加害個体を確実に獲るならば、静かな狩猟であるワナ（箱ワナ、囲いワナ、くくりワナ）を用いる（表2）。一方、里に近づく野生動物が人や人工物を脅威と感じ、警戒するよう学習させるためには、騒々しい狩猟である銃と猟犬を用いたほうがよい。ただし、

図33　猟犬。写真提供：朝日新聞社

誘因物を求めてある場所に集まってくる動物を獲る場合には、スナイパーのような腕利き猟師が一発で仕留める、銃を用いた静かな捕獲（シャープシューティング）が効率を高める。もちろんワナでも銃でも、捕獲を行うためには事前に申請して免許や許可を得なければできないし、技術的専門性が求められる。

重要なことは、捕獲行為をいつ、どこで、誰が、どのような方法で実施するかということにあるから、野生動物の個体数の増減や分布拡大といった情報をベースに、いつどこでどんな被害が発生したのか、森林伐採や草地の刈り払いといった生息環境の変化も含めて、関連情報の全体を俯瞰して捕獲戦略を組み立てることが効果的な捕獲につながるものである。それができる能力を持つことがこれからの捕獲技術者に求められている。それには高い専門性が必要となる。ある場所で勝手に捕獲を行うと隣接する場所に被害が移るということは、地元の住民なら誰もが知っていることだ。業務上の既成事実をつくるだけの捕獲作業なら、問題が拡散するだけなのでやらないほうがよい。まして密猟行為などもってのほかだ。

あるいは、猟犬を用いた追い払いも検討されてよいだろう（図33）。昭和の中頃までは街中でも集落でも、犬が放し飼いになっていた。そのことは害獣を追い払う効果として少なからず寄与していただろう。たとえ捕獲する目的でなくとも、動物の侵入を防ぎたいのなら、エリアを特定して飼い主に忠実な猟犬を放して、野生動物の追い払い効果、忌避効果を期待するような追い払い技術を確立したらよいかもしれない。

国土計画に組み込む

平成時代の始まりの頃、一九九二（平成四）年にリオの地球サミットが開催され、世界は持続可能な社会を模索するようになった。日本では森林に依存する暮らしを細々と続けてきた世代が消えていく段階に入ったものの、二〇一〇（平成二二）年に生物多様性条約第一〇回締約国会議（COP10）が愛知県で開催されたとき、SATOYAMAイニシアティブというテーマが掲げられた。それは、人が利用する自然の中に生物多様性や伝統的生活文化の多様性を見いだして保全を強化するといった趣旨である。その必要性は世界で認められ、国際的な目標として位置づけられた。

野生動物を押し戻すバリアとして期待する里地里山とは、行政的には中山間地域と呼ばれ、半世紀も前から過疎問題を背負って現在に至るので、すべての地域で活発な里地・里山活動を復活できるわけではない。中途半端に行っても、野生動物の侵入を防ぐべきバリアにはたくさんの抜け穴ができて、簡単に突破されてしまう。

野生動物との棲み分け効果を発揮させるためには、地域計画、都市計画を策定する段階で地域を俯瞰して、新たに誕生するコミュニティの空間配置を予測しながら、周囲のどのあたりにバッファ機能やバリア機能をセットしたら、より効果的であるかということを十分に検討して、あらかじめこれらの機能を取り入れることが重要である。今の時代は衛星画像が簡単に手に入るので、こうした俯瞰はたやすいものになった。それこそがエコシステム・マネジメントのベースになる。

バリア・ゾーンの段階で野生動物を完全に跳ね返すとしたら、昭和前期のような強力な捕獲圧の継続と、森林資源を活発に利用する社会が必要であるから、たとえば、藻谷浩介が提案する里山資本主義的ライフスタイルを、単なるブームではなく各地に展開して定着させる必要がある。それでも、そうした機能の空間配置がセットされる前に野生動物の侵入は進むだろうから、次のバッファ・ゾーン（緩衝地帯）、都市計画論で言うところの超郊外、郊外で、どのように対応するかが鍵となる。

バッファ・ゾーンでの対処

バッファに当たる郊外とは、スポンジ構造論によれば、所有権が小規模に細かく分かれた、農地、樹林地、宅地がモザイク状に存在する空間である。そして時間の経過と共に、耕作放棄地、空き地、空き家が増えて、混在していくと予想されている。そこに誕生する空間構造は、隠れ場所や食物をたくさん提供して、野生動物にとって非常に好適な空間となることは間違いない。したがって、バッファ・ゾーンでは、バリアをすり抜けてこのゾーンに侵入した害性のある野生動物を、定着させないことが要点となる。

放置された空き家に動物が潜り込んだなら、雨風や雪を避けながら休息できて、出産・育児にも適している。生存率や繁殖率も高まるだろう。そこで生まれた新たな個体は、成長の過程で、どこで食物を得るかということまで母親から教わりながら、このゾーンをホームとして成長していく。そしてこのゾーンは安定した分布の一部になっていく。野生動物が定着することは悪いことではないが、害性をもたらす動物には遠慮してもらいたいというのが、人間の本音である。

河川敷、斜面林、パッチ状の樹林地、藪の茂った耕作放棄地、放置された空き地、庭が茂り放題の空き家、人の住んでいる住宅の庭、こうした緑のモザイクは、野生動物が渡り歩く際に苦労しない距離で点在していたのなら、それはもう緑の回廊である。きっとモザイクの中に農地や果樹園、実をつける樹、墓地のお供え、ごみの集積場、などがあれば、野生動物の食卓となる。人馴れが進めば、人の暮らす家の中であっても図々しく入ってくる。これは勝手な想像ではない。私たちがこれまでに経験済みの出来事ばかりだ。そんな事例がどんどん増えてくるということだ。

野生動物が潜む能力は実に高くて、クマやイノシシのような大型動物でさえ、わずかでも藪があれば、音もたてず人に気づかれることもなく隠れることができる。そのことは知っておいたほうがよい。また、人為的環境に抵抗感がなくなった中型動物なら、特に外来動物のアライグマやハクビシンなどは、電線を伝って市街を渡り歩き、軒下のわずかなすき間から家の中に出入りする。これもまた、この数十年の間に各地の被害現場で確認されてきたことだ。

こうした予測を踏まえるなら、できるだけ早い段階で、このゾーンの環境構造をつくり変える必要がある。まずはバリア・ゾーンから続いてくる緑の連続性を遮断することだ。人工構造物であっても、野生動物の潜む空間の連続性を断たないといけない。その際、里の緑地や農地などに生息・生育するさまざまな多様な生物の棲み処であることにも配慮して、遮断する場所を検討する。

もちろん、それは大変な作業であって、細かい複数の地権者の合意を得なければ環境の改変はできない。それは鳥獣行政分野が単体でできることではないということに、早く気づくべきだろう。国土計画、都市計画の法制度を核として、農政、林政、河川土木、交通、等々に関する法律分野と横断的に合意形成と連携を図っていかなくてはならない。それにはたいへんな時間がかかることから、早く手をつけることが重要である。

そして、侵入を許してしまった動物は確実に捕獲して排除することだ。そのときに忘れてはならないことは、法律上、人が活動する市街地や公道では事故を回避するために銃が使えないということだ。特例的に銃やワナを用いることになるが、その作業を安易に考えてはいけない。確実に獲るにはノウハウが必要で、捕獲技術の素人が無造作に作業を重ねていても野生動物は獲れない。そうこうするうちに動物は増殖を重ね、密度が高まり、分散個体がさらにその先のコミュニティへと入り込んでいく。いったん増えてしまったら、その対処にかかる労力、費用、等々のコストはばかにならない。

農地と生物多様性と獣害リスク

私は、獣害リスクと棲み分けるために欠かせない人間活動の基本は農業であると考えている。それは、人が農業を開始した時点からずっと、野生動物は農業の害獣として敵対する関係にあったからにほかならない。その関係は今でも変わらないものだから、それぞれの地域において農業の活性化こそ急ぐべきものだと考えている。

日本の農業は、戦後の農業をけん引してきた旧農業基本法が一九九九（平成一一）年に食料・農業・農村基本法へと置き換わった時点で大きく転換された。それは食料自給率の低下や農業の低迷という問題の改善を目指した、現代農業政策の憲法ともいうべきものとして位置づけられている。その基本理念である総則の第三条に「多面的機能の発揮」として次の一文が記載されている。

「国土の保全、水源のかん養、自然環境の保全、良好な景観の形成、文化の伝承等農村で農業生産活動が行われることにより生ずる食料その他の農産物の供給の機能以外の多面にわたる機能（以下「多面的機能」という）については、国民生活及び国民経済の安定に果たす役割にかんがみ、将来にわたって、適切かつ十分に発揮されなければならない。」

この記載によって農村や農地に生息する生物、さまざまな植物のほか、貝類、カニなどの甲殻類、魚類、昆虫類、両生類、爬虫類、鳥類などの動物が、生存を担保されることとなった。そして、こうした多面的機能を保全する農業者の努力に対して所得を補償する直接支払い制度が設置されている。こうした制度にもかかわらず、農業の衰退が加速して耕作放棄地が増加していく現場では、在来生物が減少したり、外来生物が増加したりしていることが確認されている。こうした現状を改善するために法制度上の不備の改善に向けてＮＧＯが意見書を提出したりしている。その地道な調査と地に足のついた取り組みには学ぶところが多い。

ところで、こうした議論に耳を傾けていて興味深く感じたことは、里の生物に関心のあるＮＧＯにとって、大型野生動物はやはり害獣として位置づけられていて、そこにいてはいけない生物として明確に分けられていることだ。本来なら外来動物でなければ日本の生物多様性の一員として歓迎されてもいいものだが、そうはいかない。このことは森林内で増えたシカがその食圧で植物を食べ尽くし、関連してその他の動物群の生存を脅かしている現状に対して、シカの密度を下げることと同じである。

それらはすべて生物多様性条約が成立して生物多様性保全が人類の持続性に必要なものとして位置づけられたことから始まっている。そして、その考え方に基づいて、人間が必要とする生物多様性を侵す大型野生動物の害性は、適切に管理（コントロール）してマネジメントしていきましょうということだ。人間はやはり生態系の頂点に立つ生きものとして、神のようにふるまう宿命を背負っているのだろう。

そしてまた、農村や農地は基本的に人工的に生み出された空間であるからこそ、その空間の中の生物多様性保全についても、大胆に人工的に、工学的に取り組まれるべきである。まず重要なことは農業の再生であり、その活性化をベースにして大型動物の害性リスクを排除し、外来動植物を排除して、この地に本来あるべき在来生物群集を守るということが選択される。

コミュニティの内側で

さて、害性を持つ野生動物がバリア・ゾーンもバッファ・ゾーンもすり抜けてコミュニティに入り込んできたならさらに厄介だが、それはすでに始まっている。人身事故や感染症などの害を考えれば、すばやく捕獲して排除しなくてはならないが、それがなかなか難しい。さすがに大型動物は人目についたり、事故を起こしたりするので、大捕り物が行われるのだが、通常業務をすべて止めて対処することになる。それが大変な作業であることは、経験した自治体なら理解されているはずだ。これが日常茶飯になるのだから、事態に向き合う体制をすみやかに整えることを早くお願いしたい。

中型の動物なら、いったん市街地に入り込んで人工的空間に馴れてしまえば、点在する緑地が小さくても、拠点と拠点の距離が離れていても、あまり関係ないかもしれない。人工構造物のすき間を縫うように、あるいは電線を伝って移動しながら暮らすようになるだろう。それは東京二三区内でハクビシンやアライグマが増えていることからも明らかである。さらに彼らが持ち込む感染症が住民の不安の種になる。

人の暮らす都市的生活空間には人工構造物が多い。だからこそ、快適に暮らすために緑を増やしたいと希望するのが一般的だ。そのうえ災害時の避難場所を確保するために、一定距離で緑地や都市公園を配置することになっている。さらに都市の宿命のようなヒートアイランド現象や、関係して発生する局所的な集中豪雨や、雹を降らせるような気象現象を抑制するためにも、緑地を増やそうと努力するだろう。こうした緑地が害性を持つ野生動物の潜む場所になっていく。だからこそ、コミュニティの外側のバッファ・ゾーンのところで、野生動物の侵入をくい止める空間構造や体制を生み出すことが重要になる。くどいようだが、入り込んだ動物が増えてしまってからでは、対策のコストがかかりすぎる。

緑の回廊の管理

野生動物の保全論では、孤立した分布域をつなぐ機能として緑の回廊が重視されてきた。線的に連続する緑地、河川に沿った植物群落や道路や鉄道に付加された人工的な緑地などがこの機能を持つ。しかし、人口減少が進むと、この緑の回廊が野生動物のコミュニティへの出没を促進するフリーパスの高速移動路になってしまう。

最近は災害の多発する時代となったので、河川管理の必要性が見直されるようになった。特に、二〇一九（令和元）年の台風や二〇二〇（令和二）年の北九州豪雨による河川の氾濫被害は甚大で、国も自治体も河川整備の重要性と緊急性を突きつけられている。しかし財政難になったら、河川管理上の問題が生じない限り、河川敷の植物は繁茂するまま放置されるものだ。そうなれば野生動物の移動路となって、山から市街地の真ん中まで大型動物がやってきてしまう。

さすがに殺傷能力の高い、危険な動物として扱われるクマが街中に現れれば大事件となり、現場付近の河川敷で刈り払いが行われる。ただし、どんな条件の場所で、どれくらいの範囲を刈り払うと動物侵入の予防効果があるのか、検証事例があるわけではない。おそらく、河川が山から平地に出るあたりで、河川敷への侵入を阻止するように刈り払いをするのがよいと考えられるが、刈り払いの距離は五〇メートルなのか、一〇〇メートルなのか、それ以上必要なのか、規模すらつかめていない。

たとえ河川の刈り払いがされても、河川の外側に耕作放棄地や果樹園が広がっていたのなら、河川敷の藪をシェルターとしてどこからでも逃げ込むだろう。加えて、河川敷の生物多様性を担保する樹林をやみくもに伐採する必要はない。植物は毎年成長してくるものだから、河川それぞれに状況が異なることを踏まえ、必要な作業量というものを個別に検証して、大型野生動物の侵入を阻止する刈り払いマニュアルを整えておくことだ。

一方、道路や鉄道も害性のある野生動物の移動路になる。一般道なら路肩に生える植物が草食獣の餌となり、根を食べるイノシシが掘り返してしまう。また、高速道路の盛土、切土の斜面であっても、姿を隠す移動路となり、草食獣の餌場になる。これらを刈り払い続ける余力はないだろうが、放置するわけにもいかない。たとえば、鉄道も道路もつくり方によっては実質的なバリア（壁）にすることも可能である。山際を走る、あるいはコミュニティの外側を通過する道路や鉄道を一つの境界として、それに沿って堅牢なフェンスやコンクリートの構造物を設置すれば、野生動物が内側に侵入することを阻止できるだろう。

これらは税金を投入する作業であるからこそ、できるだけ無駄のないよう、国土計画、都市計画分野で、多面的に議論することが急ぎ必要になっている。

循環型社会を追求する

循環型社会形成推進基本法ができたのは二〇〇〇（平成一二）年のことである。以後、所管する環境省では循環型社会白書が作成され、循環型社会のありようが提案され続けてはいるものの、エネルギー、廃棄物、食品ロス、プラスチック、等々、課題は山積みのままだ。早く現実的に移行していかなければ一〇年先のSDGs的目標に到達できない。

たとえば、藻谷浩介の描く「里山資本主義」では、マネー資本主義の傍らに、お金に依存しないサブシステムを構築しておくことが必要だと提案している。お金が乏しくなっても、水と食料と燃料は手に入り続けるシステム、自己調達を含めて市場規模に振り回されない経済を構築することだという。それはグローバリズムに対抗して人の心を取り戻す、新たな経済システムの提案である。持続可能性を求めて資源循環的に環境を整備していくということは、里山資本主義に描かれたライフスタイルになるのだろう。

ところで、里地里山活動の対象となる地域が先に挙げたバリア・ゾーンであったなら、そこに働く人々の居住地はどこになるだろうか。仕事場にも街にも近いバッファ・ゾーンの中に生活の拠点を置く人がたくさん出てくるだろう。そのバッファ・ゾーンの中に確実に林が成長して、農地と樹林地のモザイク構造が生まれる。それはそれで緑に囲まれた魅力的な居住空間にすることだって可能なはずだ。そこを魅力ある空間にしていくためにも、耕作放棄地、空き地、空き家は、害性のある野生動物の侵入を防止するために、適切に管理しなくてはならない。

エネルギー生産も、昭和時代とは全く違ったものになる可能性が高い。大型発電施設が必要ないとは言わないが、遠く離れた大規模発電所から運んでくるロスを考えれば、日常生活に必要なエネルギーはコミュニティに近い場所で、コンパクトに生産供給できるシステムに転換したほうがよい。この先、耕作放棄地が増えていけば太陽光パネルなどの発電施設を並べる土地の余裕は生まれてくるし、地権者だって、自分の土地を藪の茂るまま放置しておくよりは、土地を発電事業者に貸して収入につなげるほうがよいはずだ。加えて、住宅型の太陽光発電設備が能力を高め、電気自動車が個々の住居の電力くらいは発電するようになるとの提案もされている。集合住宅ならなおさらのことだ。それらはAIがコントロールしていくだろう。

こうした検討は世界中で始まっており、日本でも、最先端技術を駆使した環境配慮型都市をめざす「スマートシティ構想」として、総務省、経産省、国交省で検討が始まっている。それならばなおさら、災害の多発する時代であるからこそ、早く旧式の思考は捨てて、社会全体で頭の切り替えをすることが必要だ。二〇一八（平成三〇）年九月の北海道胆振東部地震の際に大規模に起きたブラックアウトも、東日本大震災時の東京での送電停止措置も、すべては送電システムの問題である。

本書でいうところの、バリア・ゾーンでも、バッファ・ゾーンでも、あるいはコミュニティの内部でも、森林の手入れにとどまらず、耕作放棄地、河川敷、都市公園、空き地、宅地の庭、道路ぎわ、等々で、植物は毎年のように生えてくる。それを害性のある野生動物の侵入防止のために刈り取らなくてはならないとしたら、刈り取られた植物廃棄物の全体量は膨大になる。コストがかかるからと放置してもいられない。だからといって人体に害性のある除草剤が無造作にまかれても困る。手をつけられなくなる前に、植物残渣をバイオマス資源として利用する技術の開発が進むことを期待したい。

バイオマスの新たな利用循環システムが生まれたなら、持続的社会に一歩近づけるというものだ。

そして何度も言うが、バッファ・ゾーンでは、農林業こそ力強く復活してもらいたい。野生動物との棲み分けの観点からは、平野部にはできるだけ広くオープンな農地環境を創り出しておくほうが、予防的効果は高い。現在、AI技術を導入した画期的な農業の進化が起きようとしている。それが普及すれば、小規模の土地所有者の意思を取りまとめて、農地を広く確保した活発な農業だって展開できるだろう。それによって害性のある野生動物が里へと入り込む藪が消え、河川敷の緑地が刈り取られて緑の回廊を遮断することができたなら理想的である。

棲み分けの空間づくりはインフラ整備である

人口の減少する現代に野生動物が分布を拡大し続けるという現象は、決して捕獲だけで止められるものではない。このことはすでに各地で経験済みのことだ。生活空間に侵入したときの予想される社会的リスクを考えれば、もはや旧式の思考でその場を繕うための言い訳を重ねている時間はない。

人の減っていくこれから先の地域社会の空間構造を予想しながら、小さな拠点でも、コンパクトシティでも、害性のある野生動物と棲み分けるための空間構造を確実につくり上げていくことが必要である。より広く地域という規模で空間構造の転換をしていくことが必要となるからこそ、多くの地権者の合意がなければできない。そこには自治体の長による、しっかりとした政治的ビジョンが描かれなければ始まらない。

誤解なく理解していただきたいのは、これは決して特殊な地域の話ではないということだ。害性のある野生動物が侵入してくるということは、地域再生を目指す全国のどこでも共通して直面するリスクであり、そのリスクに対処するために、棲み分けのための空間構造をつくるという作業は、人口減少社会における必須の社会インフラ整備なのである。

7章　自然資本として森をマネジメントする

自然資本主義という概念

かつて自然保護という言葉で表現されたことは、科学技術の進歩と多くのデータの積み上げによって、環境保全学という学問領域へと広がった。さらに個々の現場で科学技術としての環境保全を実現していくために、自然保護は政治経済の分野へも進出した。それは政治経済が地球環境と密接に関わりを持っている現実、地球環境そのものに大きな負荷をかけている現実を知ったことによる。

そのことを実感した人類のささやかな英知の表現として「自然資本主義（ナチュラル・キャピタリズム）」という概念が生まれた。たとえば日本でも翻訳書が出版された、ポール・ホーケンらが一九九九年に書いた『自然資本の経済』で紹介され、今では環境省、経済産業省、あるいは国交省のホームページにも取り入れられるほどに、日本の社会に浸透し始めた概念である。ホーケンの書の冒頭からいくつか概念の本質を引用してみる。

「……ナチュラル・キャピタリズムとは、人工的な資本を使用した生産と、自然資本の維持・供給のあいだに重要な相互依存関係があることを認めた考え方である。従来の定義によれば、資本とは、金融資産、工場、設備の形で蓄積された富のことである。経済が順調に機能するために必要な資本は、実際、次の四種類に分類される。

1　人的資本　労働や知識、文化、組織の形をとっている。
2　金融資本　現金、株式、金融証券から成り立っている。
3　製造資本　インフラ（社会的基盤となる）施設を含めた、機械、道具、工場などがある。
4　自然資本　資源、生命システム、生態系のサービスなどから成り立っている。

産業とは、最初の三種類の資本を用いて、自然資本を、人間の日常生活に必要なもの、つまり自動車、道路、都市、橋、建物、食品、医薬品、病院、学校などにつくり変えることである。」

「……既存の資本主義は、金銭上の利益こそ獲得できるものの、持続不可能な異常な経済発展の形態である。この「インダストリアル・キャピタリズム（産業資本主義）」と呼ぶべき資本主義は、会計原則を十分には満たしていない。たとえば、産業資本が生み出す価値を所得と呼んでいるが、最も大きな資本ストック、すなわち自然資本には何の価値も認めていない。天然資源や生

命システムはもとより、人的資本の基礎である社会制度や文化制度さえも無視している。」（佐和隆光 監訳・小幡すぎ子 訳）

この自然資本主義を基本に据えて、本章では、現実の日本のこれからの環境変化を踏まえて、何をすればよいかを考える。

ストックとしての森林と有形無形のサービス

6章では、人が日常的に利用する空間、主にバッファ・ゾーンから内側における今後についての提案をした。本章ではその外側、バリア・ゾーンとした里地里山のさらに奥にある森の中のことについて考える。そこは人が減ってしまったら捨て置かれる空間となってしまうのだろうか。この急峻な島国では、そんなことは許してもらえないだろう。

火山の噴火、豪雨、地震といった災害の多発する時代に、山を放置すれば山麓に大規模な影響が及ぶ。それに、日本の生物多様性の中心的存在は森林生態系であり、次世代に引き継いでいかねばならない。また外国からの訪問者が増加して、自然公園地域への観光が地域の主要産業になっていくかもしれない。そうなれば観光資源の保護も観光客の安全管理も主要な課題となってくる。さらに、人類が木材資源を利用していく以上、日本の林業が斜陽のまま放り出されてよいはずがない。これからの時代は、自然を保護しながら、その利用をうまく管理していく方法が問われている。

自然資本主義では、自然資本の蓄積をストックとみなして、そこから生み出される人間へのさまざまな恩恵を生態系サービスととらえる。陸上に限ってみれば、日本の自然資本の核心は奥山の森林にある。その理由を古い歴史の中に探れば、本土部なら急峻な地形と雪の多さが長らく人の介入を阻んできたことによる。あるいは信仰の対象として護られてきた山や森もある。もちろん、近代化の征服志向と高度な重機の出現によって大きく破壊された場所もある。とはいえ、現代に引き継がれた森林の面積はけっこうなものだ。

私たちが森林から受けとる生態系サービスはさまざまで、すぐに思いつくのは温暖化物質である二酸化炭素の吸収と貯留であり、大気の温度調節機能であり、すがすがしい空気、清らかな水、そして生態系の総体が表現する景観が人々の快適な生活環境を提供し、観光客を引き付ける観光資源となる。動植物は食糧にも資源にもなり、エネルギーとしても利用される。さらに、技術の革新とともに順次発見される遺伝子レベルの恩恵は、食糧や医薬品にとどまることなく、生命科学分野の計り知れない恩恵として期待される。こうした有形無形の生態系サービスを維持することは、世界的合意であるSDGsの求める持続可能な社会の本質であり、そのストックとしての自然資本、その実態としての森林環境を適切にマネジメントしていくことは、これからの時代の重要な課題の一つである。

生物多様性条約は、遺伝子の多様性、種の多様性、生態系の多様性という三つの階層的要素を維持することを求めている。この目的を果たすように自然をマネジメントしていくことこそ、これからの時代に必要とされていることだ。もし経済的理由から森林の適切なマネジメントを放棄してしまったら、たくさんの種類の動植物が消え、動的な生態系が元に戻ることはない。そして私たち人類への恩恵たる生態系サービスは劣化する。その損失はきっとずいぶん大きなものとなるだろう。

森林が無法地帯化する

ときどき耳にする「温暖な日本の自然は放っておけば回復するから大丈夫」という話は、勝手に植物が生えてきて緑に覆われるというストーリーであるが、森を適切にマネジメントすることとは、本質的に全く違うものだ。

たとえばシカの密度管理を放置したなら、その強い食圧によって短期間に多くの植物が消える。次に、消えた植物たちを食草としていた昆虫たちが消える。また裸地化して乾燥した土壌からたくさんの土壌動物が消える。すると、それらを食物にする両生爬虫類、哺乳類、鳥類も棲みにくくなって消える。それらを食べる肉食性の猛禽類や哺乳類もそこに来なくなる。食物連鎖の網が破れてしまうということだ。実は、そうした現象がすでに日本各地の森林内で、静かに、かつ急速に進行中であるということを、社会はもっと危機感を持って受け止めるべきだろう。

一方、山に出入りする人が減ってしまえば、密猟や盗掘が進むであろうことも懸念すべき材料である。グローバリズムによってスピーディな流通システムができ上がったせいで、もし、突然に日本の野生動植物の換金価値が高まったなら、ブレーキをかけることは難しい。希少生物ほど絶滅に陥るおそれが高まる。いまだに漢方的効能を信じる人たちの間ではクマノイの換金価値は高い。あるいはこれを書いている最中にも、希少性の高いサンショウウオの卵塊がネット・オークションにかかり、SNSで批判の対象になった。それほど身近な、頻繁な問題になってきた。おそらく軽い気持ちで行われるこうした出来事を、社会として監視して罰則を強化する仕組みを早く生み出しておかなくてはならないだろう。

人口が減って人が山に入らなくなるということは、そこが無法地帯になる可能性と隣り合わせだ。かつての日本にはサンカと呼ばれる定住生活をせずに山の中で漂泊生活をする幻の民がいたという。柳田国男が一九一一（明治四四）年に『人類学雑誌』に寄稿して世に知らしめたことだが、情報が乏しく諸説あってその実態はつかめていない。しかし、この先、山に入る人がいなくなったなら、逆に山にこもって戸籍と定住に縛られない世捨て人、公権力の統治に縛られない自由人、そんな生き方を選択する人が出てくる可能性だってあるだろう。おまけにさまざまな国の人が出入りする時代である。それはそれで興味深い事態ではあるが、それがどんな問題につながっていくかはわからない。

林業の再生が必要な理由

面積ではなく日本の森林資源の量としては、二〇一七（平成二九）年時点で五二億立方メートルに

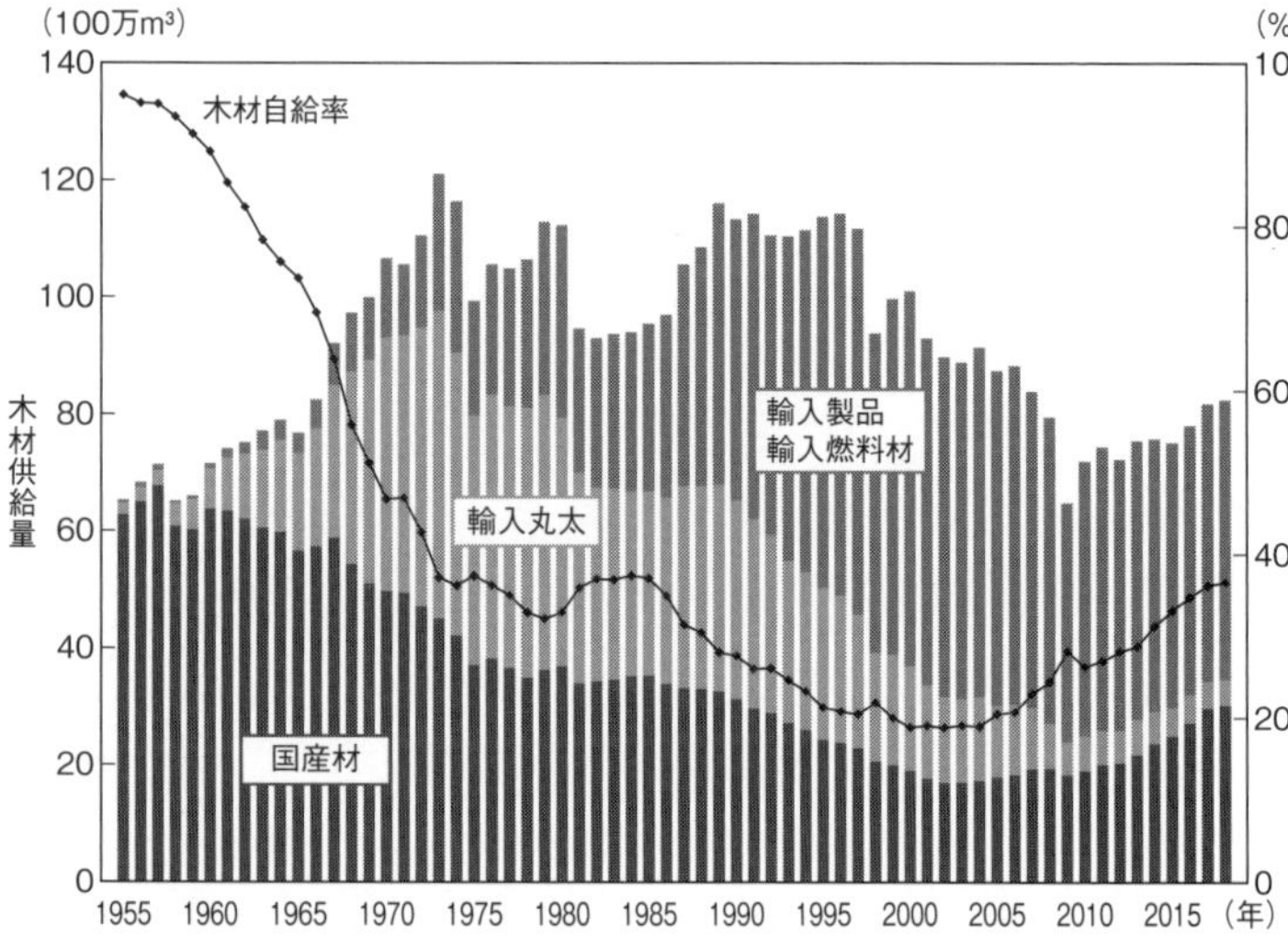

図 34　日本の木材供給量と自給率の推移
出典：林野庁「平成 30 年木材需給表」木材供給量及び木材自給率の推移。

達しており、統計データの残る一九六六（昭和四一）年に比べると二・七倍、人工林だけを抜き出すと約六倍の三三億立方メートルに達している。木材自給率は二〇〇二（平成一四）年に過去最低の一八・八％であったものが二〇一八（平成三〇）年には三六・六％となり、回復傾向にあるものの相変わらず輸入量は多い（図34）。国内林業が長く低迷する間に一九五五（昭和三〇）年に約五〇万人いた林業就業者は、二〇一五（平成二七）年には約五万人に激減した（図19参照）。高齢化も進んでいる。このことは第一次産業全般の就業人口や狩猟免許取得者人口の減少傾向と同じである。二〇一六（平成二八）年に国が策定した森林・林業基本計画には、資源の循環利用による林業の成長産業化と、それによる地方創成が謳われているのだが、その回復には厳しいものがある。

日本の木材より、外国の原生的な森林から収奪してきた木材のほうが、たとえ海を越えて運んできたとしてもなお安いのだから、競争原理の資本主義経済の市場で負けるのは当然のことである。しかし、どこかの大統領ではないが、国内産業が疲弊するのに輸入を規制しないという政策は果たして正しいのだろうか。その業界は、国土保全の根幹を担う技術者集団でもあるという社会的意義を忘れてはいけない。害性のある野生動物が里にまで出没しないよう、野生動物もまた山の中で安心して暮らしていけるよう、森林を健全に維持していかなくてはならない。だからこそ、森林管理の技術者は社会基盤として公的に維持していかなくてはならない。それほどの問題であるにもかかわらず、このままでは急峻な山の中で森林を管理する技術者は間違いなく枯渇する。

国内の森林を健全に維持しなければならない理由はもう一つある。途上国から木材を買い取ることは、その国の人々に労働と報酬を提供しているのかもしれないが、それによって無造作にその国の森林が破壊されていることはもっと認知されるべきである。それは地球規模の生物多様性保全に反する行為である。前にも述べたが、ずっと以前から日本の木材輸入は国内外の環境ＮＧＯから非難されている。また、木材を輸入するプロセスで使用するエネルギーや排出される廃棄物の量も地球に負荷をかけているだろう。

こうした理由を並べれば、現在の、日本列島に蓄積された国産材を使わない理由はない。もちろん、かつてのような乱暴な伐採を推進しようと言っているのではない。世界中でＳＤＧｓに取り組む時代であるからこそ、市場経済の換金性の基準だけで評価するのではなく、この国の自然資本としての森林を総合的にマネジメントしていくことを考えたい。

森林に関する法律

森林が国土の七割も占めている事実からすれば、この国に暮らす人にとって森林は重要なものであり、大切に扱わなければならないものだという認識が、もっとあってもよいはずだ。

森林のマネジメントにおいて基本となる法律は「森林法」というもので、一八九七（明治三〇）年に保安林制度とともに誕生した。戦中戦後の乱伐によって荒廃した森林を回復させるために、一九五一（昭和二六）年に森林計画制度が設置されるなど、改定を重ねて現在に至っている。

もう一つ、一九六四（昭和三九）年に制定された林業の基本的方向性を定めた「林業基本法」がベースになって、二〇〇一（平成一三）年に改定された「森林・林業基本法」がある。そこには、森林の有する多面的機能の発揮を目的にして、森林の整備の推進、森林の保全の確保、技術の開発及び普及、山村地域における定住の促進、国民等の自発的な活動の促進、都市と山村の交流等、国際的な協調及び貢献という、今世紀の国による森林のマネジメントの基本方針が書き込まれている。

さらに、「森林・林業基本法」には、林業の持続的かつ健全な発展に関する施策として、望ましい林業構造の確立、人材の育成及び確保、林業労働に関する施策、林業生産組織の活動の促進、林業災害による損失の補てん等の方針が書き込まれている。また林産物の供給及び利用の確保に関する施策として、木材産業等の健全な発展、林産物の利用の促進、林産物の輸入に関する措置、が書き込まれており、森林のマネジメントに必要となる項目はほぼ網羅されている。

とはいえ、現実には過疎や人口減少という時代の荒波を受けて日本の林業就業者は減少し続けており、林業の実行体制は崩壊に向かっている。このことは森林をマネジメントする技術者が消えるということを意味しており、このままでは自然資本を維持することができなくなる。

新たな森林管理の仕組み

「森林法」および「森林・林業基本法」の大事な要素の一つに、「森林計画制度」がある。その体系（図35）は、政府がおよそ五年ごとに「森林・林業基本計画」をつくって施策の目標を示し、農林水産大臣が「全国森林計画」と「森林整備保全事業計画」をつくることになっている。ここに日本の森林をどうしていくのかという基本指針が書かれる。それに沿って都道府県知事が「地域森林計画」をつくり、自治体をまたぐ国有林を管理する森林管理局長が、前者と調整しつつ地域別に国有林の「森林計画」をつくる。それらの方針を踏まえて、市町村では「市町村森林整備計画」をつくり、民間や個人の森林所有者が「森林経営計画」をつくることになっている。これらが森林を取り扱う基本であるから、生物多様性保全や野生動物との棲み分けの話も、これらの計画とすり合わせる必要がある。

さらに、国の積極的な挑戦ともとれるのが、新たな森林管理システムとして二〇一八（平成三〇）

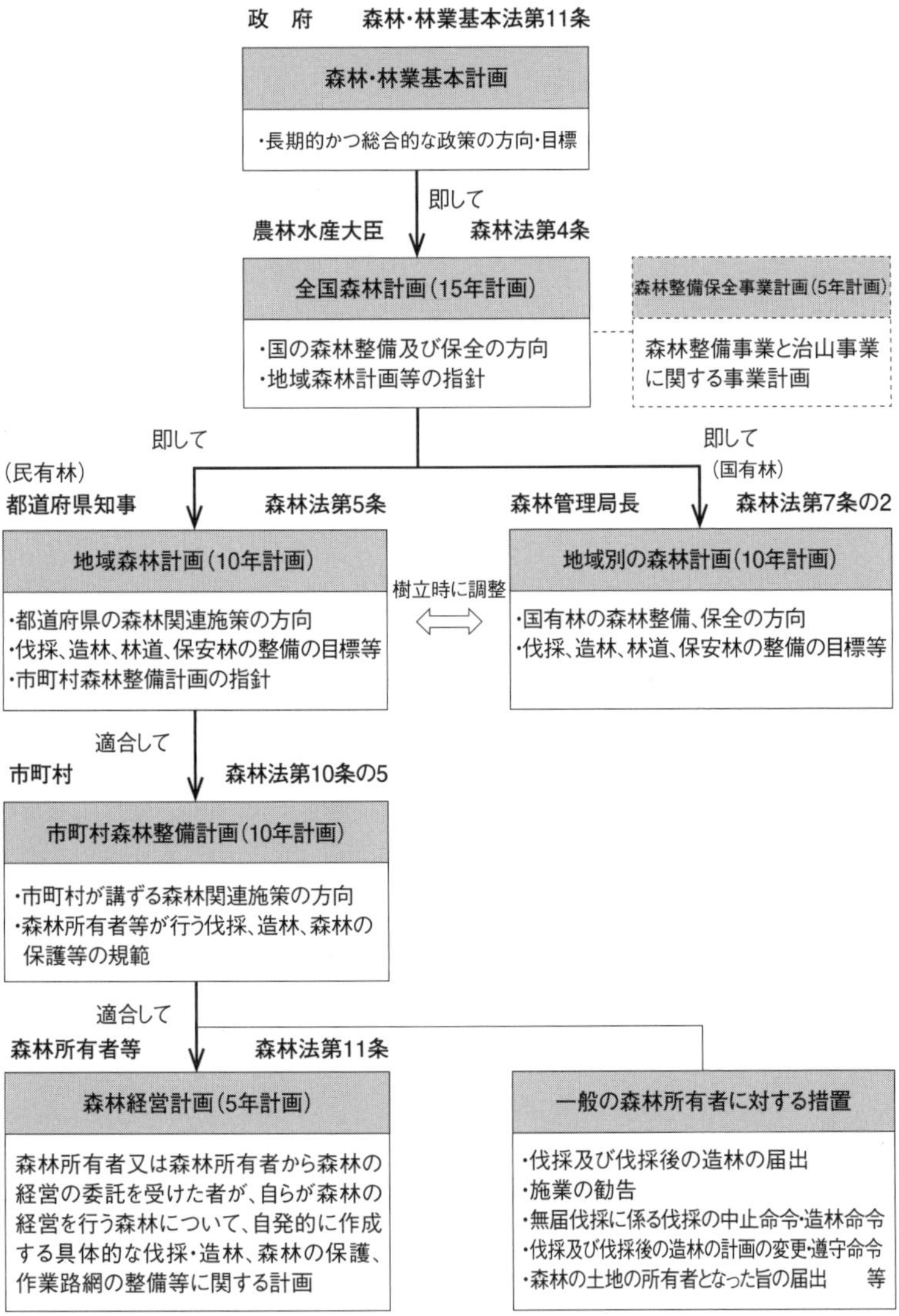
政　府
森林・林業基本法第11条
森林・林業基本計画
・長期的かつ総合的な政策の方向・目標
即して
農林水産大臣
森林法第4条
全国森林計画（15年計画）
・国の森林整備及び保全の方向
・地域森林計画等の指針
森林整備保全事業計画（5年計画）
森林整備事業と治山事業に関する事業計画
即して
（民有林）
都道府県知事
森林法第5条
即して
（国有林）
森林管理局長
森林法第7条の2
地域森林計画（10年計画）
・都道府県の森林関連施策の方向
・伐採、造林、林道、保安林の整備の目標等
・市町村森林整備計画の指針
樹立時に調整
地域別の森林計画（10年計画）
・国有林の森林整備、保全の方向
・伐採、造林、林道、保安林の整備の目標等
適合して
市町村
森林法第10条の5
市町村森林整備計画（10年計画）
・市町村が講ずる森林関連施策の方向
・森林所有者等が行う伐採、造林、森林の保護等の規範
適合して
森林所有者等
森林法第11条
森林経営計画（5年計画）
森林所有者又は森林所有者から森林の経営の委託を受けた者が、自らが森林の経営を行う森林について、自発的に作成する具体的な伐採・造林、森林の保護、作業路網の整備等に関する計画
一般の森林所有者に対する措置
・伐採及び伐採後の造林の届出
・施業の勧告
・無届伐採に係る伐採の中止命令・造林命令
・伐採及び伐採後の造林の計画の変更・遵守命令
・森林の土地の所有者となった旨の届出　　等

図 35　森林計画制度の体系図
出典：林野庁ウェブサイト

年に誕生した「森林経営管理法」と「森林環境税」「森林環境譲与税」の仕組みである。この法律は、温暖化対策のような国際的使命を抱えながら、森林管理が思うように進まない現状を打開するために、特に世代交代の進む民有林において、林業経営意欲の薄れや、所有者不明となって森林放置が進む現状を改善するためのものである。森林所有者の管理責任を明確にしたこと、市町村による管理の代行の仕組みを生んだことが重要な改善点である。

市町村は「経営管理権集積計画」というものを作成して、所有者から委託を受けて林業経営を行う権利（経営管理権）を得る。そのうえで、意欲ある林業経営の実行団体に経営管理実施権を与えて委託することができる。その場合、林業経営に適さない森林については市町村が管理を実行する。また、土地所有者が不明な森林も市町村が経営管理権を設定できるというものだ。そして、国民から森林環境税を徴収し、そのほとんどを実行部隊となる市町村に落とし込んで、地球温暖化防止機能、災害防止・国土保全機能、水源涵養機能という公益的機能の活性化に向けて支援するという構造になっている。

問題は、現在の疲弊する市町村に自然資本として森林をマネジメントするなどという意思が働かないことにある。業者に管理を任せたまま切りっぱなしの伐開地を増やしてしまえば、ただシカの餌場を増やすだけのことだ。日本の社会が森林とは切っても切れない暮らしをしている以上、また税を支払う立場として、私たちはこうした問題により強く関心を持つべきである。そうすることで日常の生活空間を快適なものにつなげることができる。議論に参加して自らも外部から協力できることを見いだすことだ。

森林環境譲与税の投入によって林業事業体を活性化することも大事だが、それぞれの現場に林業を健全で安定した産業にしていく仕組みづくりが生み出されなければ先にはつながらない。単に技術習得の機会を提供するにとどまらず、林業を志す若い世代を将来に向けて長くバックアップする仕組み、彼らがやがて結婚して子供をもうけても、安心して仕事を続けていけるような生活保障の仕組みづくりが欠かせない。

森の中のシカのマネジメント

二〇一七（平成二九）年の森林法改正では、鳥獣被害に対応する森林づくりという目的が取り込まれた。鳥獣被害を防止する「鳥獣被害防止森林区域」を設置して予算を投下し、捕獲にとどまらず柵の設置などの被害対策をより積極的に推進していくというものだ。明らかに森林に深刻な影響をもたらすシカを想定したものであり、あまりに増えてしまったシカの個体数を減らすための、管理（コントロール）の必要に応えるという意思による。しかしながら、その目指すべきゴールが定まらない。

二〇一三（平成二五）年に打ち出された「抜本的な鳥獣捕獲強化対策」は、一〇年をかけて個体数を半減させることを目標に掲げているものの、仮に個体数の全体を検知できて、その半数を減らすという目標が達成されたとしても、問題そのものが解決するとは限らない。山の中に棲むシカは雪が少ない地域であれば定住型の暮らしをしているが、雪が多い地域では季節的に移動するものだから、ある地域の密度は変動するものだ。

たとえば環境省は尾瀬国立公園でシカにGPS首輪を装着して衛星技術を使った追跡調査を実施しているが、冬になると五メートル以上も雪が積もるこの地域を利用するシカは、雪が降り始める晩秋から移動を始め、遠く三〇キロメートルも離れた戦場ヶ原、日光、足尾方面にまで移動して越冬することがわかってきた（図36）。そして春に雪が解ける頃になると再び尾瀬に戻ってくる。大きな山岳地域のシカはこうした季節移動を行って生きている。その結果、尾瀬国立公園でシカがニッコウキスゲやミズバショウなどの貴重な植物を食べてしまう問題は、夏の間に夏の間に集まってくるシカが引き起こすということがわかってきた。そのため、母集団から相当数のシカを捕獲しようと、シカの越冬地を抱える栃木県、群馬県、福島県では、狩猟者が一生懸命にシカを獲ってくれている。

シカが集まる越冬地で捕獲することは効果的で大事な作業であるが、実質的にシカが減るまでには時間がかかるので、それだけでは尾瀬の植物が被る食圧を抑制できない。そのため問題を防ぐためには、夏の間に尾瀬で捕獲を行うことが必要となる。ただし、登山者の多い日本有数の国立公園内としては安全対策に神経を使う。自然度の高い奥山であるからこそ、捕獲したシカにクマが誘引されるということもあるので、高山でのシカの密度を下げることは大変な事業となっている。そのため尾瀬の植物を護るには、何より先行して、護る対象の植物群落を柵で囲んでおくことが必要となっている。

一つの事例として尾瀬を取り上げたが、現在、多くの日本の自然公園でシカ対策に頭を悩ませてい

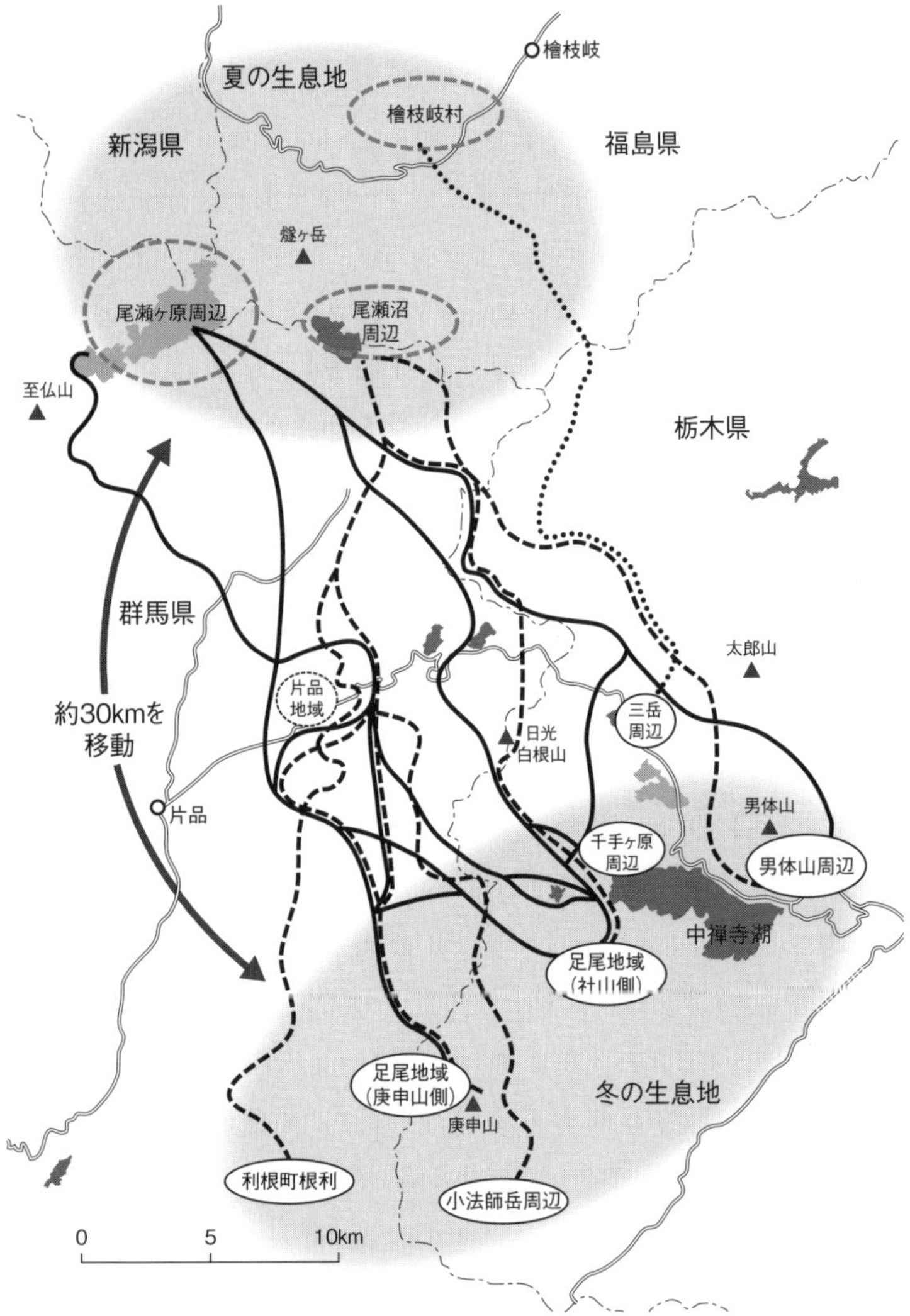

図 36　尾瀬のシカの季節的な移動
出典：野生動物保護管理事務所「平成 29 年度尾瀬国立公園及び周辺域におけるニホンジカ移動状況把握調査及び捕獲手法検討業務報告書」p.75 の図 2-5-1-1 に、平成 30 年度の報告書 p.83 の図 2-5-1-3 のデータを加えて作図。

る。当然のことながら、自然公園地域の外にも森林が広がっていて、それらのどこにもシカの食圧の影響が及んでいる。特に湿原のような脆弱な植物群落ほど危機にある。こうした現状を考えると、先に挙げたような、林分（隣り合う森林とは明らかに区別できるひとまとまりの森林）の単位で自分の森は自分で護るとの意識を共有することは当然としても、広域に動き回るシカを相手にした密度管理や植生保護といった問題には、森林の管理者である関係機関が連携して事に当たることが欠かせない。

棲み分けるための森をつくる

本書で提案している野生動物の里への出没を抑制するという機能は、広い意味で災害防止である。そして出没防止のために大事なことは人間活動が活発化することにあるので、市町村の森林管理が活発化することこそ歓迎すべきである。さらに望むことは、そこにどういう森林をつくっていくかというビジョンを明確にすることにある。

人口減少時代に野生動物との棲み分けを可能にするには、彼らが里に出てくることのない森林構造を生み出す必要があり、森林計画にそのことを明記しなくてはならない。6章で示したバリア・ゾーンとかバッファ・ゾーンといったゾーン区分の概念からすると、おそらく日本の森林で最も多くを占める民有林の「森林経営計画」にこそ、野生動物の分布拡大を抑止するという目的を持って森林をつくることを書き込んでもらう必要がある。そのためには、害性のある野生動物を人の生活空間に出没させたくないと考える住民が積極的に関わることが求められる。彼らが当事者となり、各種森林計画の策定プロセスにおいて具体的な提案や要望を出して、議論と合意形成をしながら協力していかない限り、日本の森林環境は変わらない。どんなに熱く自然保護を語ったところで、計画が変わらない限り森は変わらない。そして野生動物の出没も止められない。

たとえば、ある地域で何の樹種を植えるかが問題になったとする。里山にどんぐりのなる樹を積極的に植えてしまえば、クマ、サル、イノシシなどを誘引する。それよりは境界に食物を供給しないスギやヒノキの針葉樹人工林を整備するほうがよいかもしれない。しかし一方で、地域の生物多様性を構成する動植物にとっては落葉広葉樹林地であることのほうがよいかもしれない。そんな面倒な課題が出てくるものだから、地域の環境条件を踏まえつつ試行錯誤で取り組み、途中で軌道修正していくといった姿勢が必要となるのかもしれない。しかし、このような科学性を持って生態系の視点でとらえなくてはならない計画づくりを、専門性を持たない市町村に押し付けていたのでは行き詰まることは見えている。

このとき森林の単位である林分ごとの経営論に陥るのではなく、より広く地域コミュニティの背景としての森林をどうしていくかという、そんな観点から多様な分野の人々が議論に参加して、知恵をだし、なんらかの選択をしていくことができたらよいのではないか。それこそが獣害という災害を防除して安心安全を確保する、まさに住民の権利である。住民の側も言いっぱなしにしないで、改善に向けて協力して汗をかく姿勢が必要である。そうした参加の意思表示が、森林・林業の技術者の必要性を社会に認めさせていくきっかけになる。

とはいうものの、人口減少が加速する地域の現場において、理想通りに具体化させることは難しいものだ。そこは政治の役割になるのだろう。まずは首長や議会が地域の未来、地域再生のビジョンをしっかり描いて、地域をどんな目標に向けて引っ張っていくかということを示さなければ、住民も動きようがない。だからといって、それぞれのＮＧＯがばらばらと勝手に活動している段階でもないだろう。

だからこそ、このような仕事にはエコシステム・マネジメントを専門とする専門家が必要になると考える。業務のスタイルとしては、都市計画、建築、造園などの業界ですでにでき上がっているコンサルタントのノウハウを想定するとして、そこにエコロジーの知見や技術に力点を置いて活躍するようなマネジャーが必要になっているのではないか。そんな彼らに、地域全体を生態系でとらえた地域再生や住民のコーディネートなどを引き受けてもらいたい。

Ⅲ部　解決に向けて

今のところ巷では、野生動物の問題などたいした関心の対象ではない。問題が小さいうちはそれでよいのだが、すでに私たちはこの問題を軽視できない時代に飲み込まれている。本当に深刻になってからあわてたところで一朝一夕に片付かないところがこの問題の面倒なところだ。これまで一〇〇年以上にわたって陰で片付けてきた人たちが消えてしまったという、事の重大さに早く気づかなくてはならない。

8章　機能不全の正体

野生動物の問題を解決する社会システム

野生動物が人間の生活を脅かして社会問題になるなんてことは聞いたこともなかった。昭和の時代を知る人ならそう思うだろう。今は何が違うのか、その本質を見極めたいと思う。3章で取り上げた「中山間地域の過疎と高齢化によって野生動物と向き合う体制が崩れた」という理由は、社会経済的な背景から生まれた現象をたどったものにすぎない。それは、直面する問題に対応できないでいる現代社会に潜む原因を説明したものにはなっていない。

目前の予測される問題にきちんと対応できるということは、今どきの流行り言葉で言えばリスク・マネジメントであり、レジリエンスだろう。企業的発想かもしれないが、人口減少で税収も減る時代だからこそ、社会をうまく運営（マネジメント）して、効率よくこの問題に対処していく方法を見つけ出さなくてはならない。思いつくまま、じゃぶじゃぶと金を誘致して仕事をした気になってきた愚かな政治から早く脱却して、未来に向けて本当に必要なことに予算を振り分けなくてはならない。浮上する問題を解決することができないということは、解決のための社会の仕組み（システム）が未完成であるか、システムがあっても機能不全に陥っているということだ。

野生動物の分野で見れば、問題に対処するために関連する法制度は時代の要請に応えてめまぐるしく変化してきた。なかでも一番の成果は、今世紀への転換の時に鳥獣行政の基本的考え方が変わったことだ。それは「科学的な裏付けによって野生動物をマネジメントしていく」という方向に舵を切ったことにある。ただし法制度上の進展とは裏腹に、現場の問題はまるで解決していない。本書の目的の一つは、充実したはずの社会システムの機能不全の正体を探ることにある。それを生み出す根源的な原因とは何なのか、そのことを掘り下げて、見つけ出して、早く改善につなげなくてはならないと考える。

ＰＤＣＡサイクルで考える

経営管理や組織運営の議論ではＰＤＣＡサイクルという考え方がよく話題になる。計画を立てて（Plan）、実行して（Do）、評価して（Check）、軌道修正と改善によって（Action）、次の段階に進めていく。経営的観点から無駄を省こうとするこの思考の循環システムは、実は、科学的に未解明なことの多い環境問題の政策決定においてこそ、いっそう効力を発揮する（図37）。

自然とは、たくさんの生物相互の関係や、人間活動の複雑な影響を受けて成立する生態系のことで

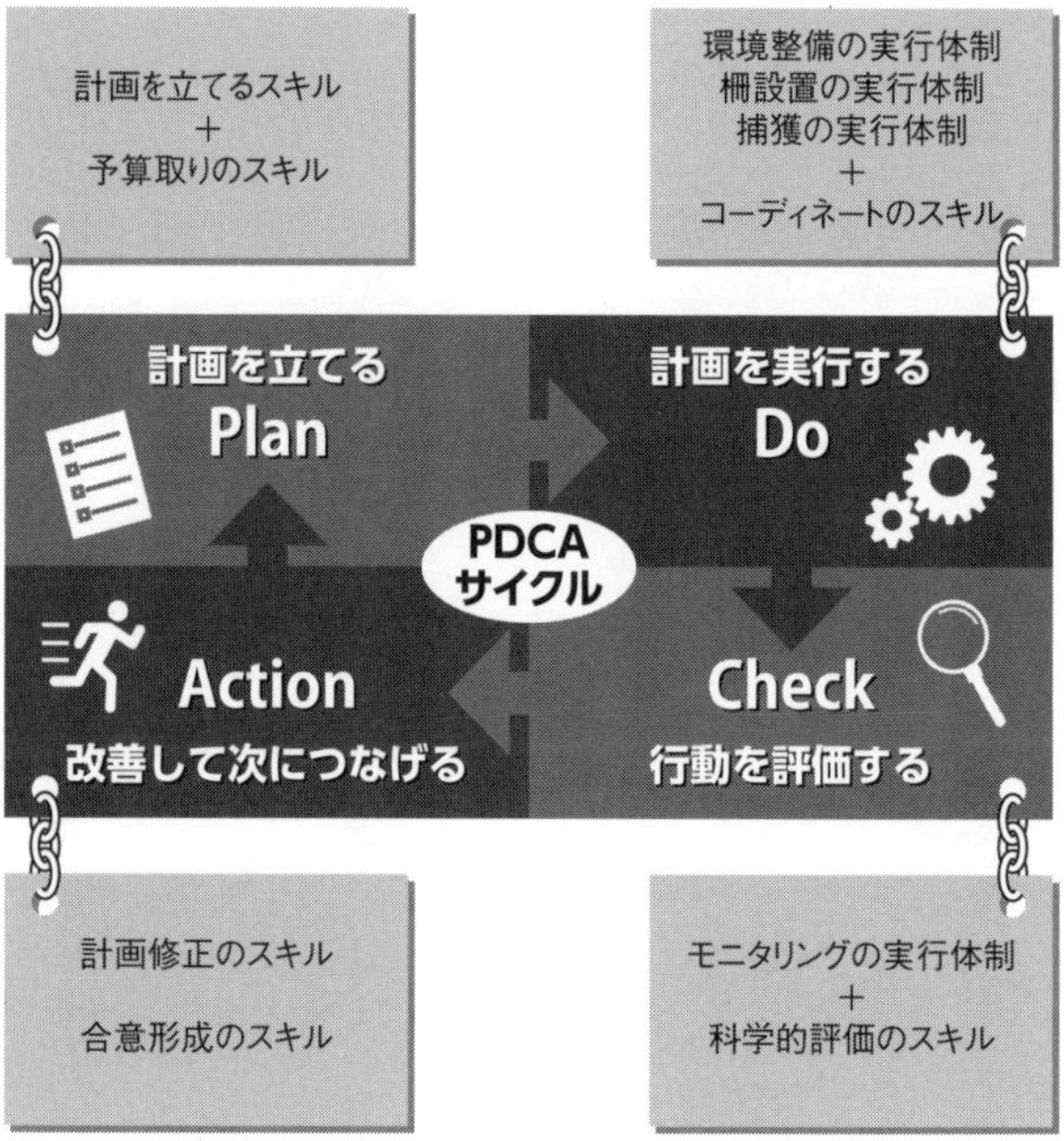

図 37　科学的に未解明なことが多い現場における PDCA サイクル

あるから、ある時につくり上げた計画（対策）が必ずしもうまくいくとは限らない。予想もしなかった影響が出たり、弊害を生んだりするものだ。だからこそこまめにチェックして、間違いがわかれば軌道修正して進めるほうが、無駄や失敗を小さく抑えることができる。何も特別なことではなくて、たとえばものつくりの現場、職人でも、アーティストでも、物事を先に進める人は、失敗を重ねては問題を洗い出して修正していくものだ。PDCAサイクルとは、人が何かを進めていくときの基本的な思考のプロセスであり、効果的な行動のあり方を表現したものに違いない。

科学的に未解明なことの多い現場のPDCAサイクルの成功例として、身近に天気予報がある。たとえば、台風が発生したら、これまでの観測データからコースを予測し、台風接近や上陸のおそれがあれば気象庁が注意報や警報、特別警報を出すことで、災害の未然防止、人命を守る役目を担っている。そして、新たな台風のデータが加えられ、次の予報に活かす。このように私たちの日常は天気予報の恩恵を受けている。

おまけに、長年の人間活動が生み出したさまざまな排出物のせいで地球が急速に温暖化を始め、気象条件が前世紀とはまるで違ってきた。そのせいで食糧生産をはじめ、人の生活のさまざまなところに影響が出ている。そして多くの生物を生存の危機にさらしている。さらに、日本列島では地震や火山活動も活発になってきたので、足元の環境変化の予測は非常に難しくなってきた。だからこそ災害に備える意識を強くして、継続的なモニタリング（追跡調査）とデータの蓄積から変化を読み取り、慎重に進める必要がある。ＰＤＣＡとはそういう思考の回路だ。そしてＡＩだってそれを取り込んで機能するものだ。

野生動物の問題に向き合う際にもこれと同じ考え方をすればよい。野生動物による被害は地域住民にとってはある種の災害である。ここから先は、機能不全の正体を探るために、ＰＤＣＡの循環システムを前提に、現状には何が足りないのかということを探っていこうと思う。

自然を調べる力の劣化

計画を立て、予算を確保して、実行していく。この行政にとって当たり前のプロセスを進めるには、社会から要請のあった問題を、客観的に評価して、対策の現実性、効率性を追求して、税を投入していくことにある。では、相手が野生動物であった場合、問題の客観的評価を行うためにはどうすればよいか。まずは問題を起こす野生動物を自然科学的に評価することから始めることは当然だろう。

ところで、ここでいう野生動物の問題とは、野生動物が人間に害を及ぼすという観点と、野生動物の集団が絶滅の危機に瀕するという観点の、二つある。人間はその両方の解決を求めているということは理解されているだろうか。後者の観点は生物多様性条約を通して国際的に求められ、国内法においても生物多様性基本法等で定められていることだ。持続可能な社会、二一世紀の国際社会の参加者たちは、被害対策と保全の両方の観点に配慮して野生動物と向き合うことを約束したということだ。しかし、日本の野生動物の科学的評価がどのように行われているのかということは、おそらくあまり知られていない。専門家が取り組んでいるのだろう。大学の先生が取り組んでいるのだろう。漠然とそんなふうに思われているとしたら、答えは限りなくノーだ。ここに根本的な原因の一つが隠れている。

日本は急峻な島国であって、平坦で均一な環境が続く大陸とはわけが違う。人を拒絶する複雑で多様な地理的条件であるからこそ、日本の自然は残ってきた。だからこそ、そこに生息する野生の動植物の実態を知るための作業は困難を伴う。根気よく、頻度高く山に分け入って調査を行う必要がある。それを誰がやっているのか、その予算はどのように確保されているのか。

日本の大学は、二〇〇四（平成一六）年の国立大学法人化に象徴される各種の改革が行われ、競争原理が導入されてから、基礎研究はどんどんやりにくくなっている。これは日本人のノーベル賞受賞者がいつも危機感を持って語ることだ。自然を対象にした何年も時間のかかる研究など、もはや現在の文部科学行政下では続けることができない。データ収集に時間のかかる研究は、論文本数で評価される舞台では生き残ることができない。そのため、長期研究を要する分野は縮小の一途をたどっている。その結果、当然ながら、自然分野の専門性を持つ人を世の中に供給する仕組みが、この根本のところで失われようとしている。社会のニーズが高まっている今このときに、実に理不尽な状況だ。

専門家が消える

もう一つの野生動物の研究母体は、国や自治体が所管する試験研究機関である。国所管では、元は林業試験場、のちに森林総合研究所と改編・名称変更されて、現在は国立研究開発法人森林研究・整備機構となった試験研究機関がある。昭和の時代には、全国各地の林業試験場が林業の「害獣」を研究する機関として機能していた。自治体によっては、鳥獣保護の観点から、自然保護センターとか鳥獣保護センターという名称で地域の野生動物研究の核となっていたケースもある。いずれも細々とした体制ではあったものの、そこに配属された研究者の孤軍奮闘が日本の野生動物の野外における基礎研究を支えてきた。

しかし、いまでは、そんな場所でさえ財源不足を理由に縮小、統廃合の対象となり、専門性ある研究者は不在か期間限定の非常勤雇用となっている。短期契約のために勤続年数が伸びても給料は上がらず、社会保障すらつかないひどい待遇に置かれている。こうして若い研究者も、社会に必要な研究活動も、絶滅の危機に陥っている。

野生生物にはたくさんの種類がある。ひと口に動物といっても哺乳類、鳥類、爬虫類、両生類、魚類、昆虫類、クモ類、水生生物、土壌動物などと幅広い。専門家というものはある種や種群に特化して研究を行う場合が多いので、動物部門に一人配置したら、すべての問題がカバーされるわけではない。そのため、たくさんのアマチュアの研究者がボランティアで地域の環境行政を支えてきた。

小中高の学校の生物系の先生をやりながら地域の動植物を観ている人、趣味で動植物を観ている人、そんな人たちが同好会を通して博物館や県の機関と連携して、地域の自然を長く調査し、アドバイザーを担ってきた。ところが、フィールドワークを基本とする研究者を育成する大学の研究室が縮小して、なかなか人が輩出されなくなったために、あるいは就職先がないからと学生が敬遠するせいもあって、アマチュア、ボランティアで支えてくれた人たちも後継者不足となり、高齢化に伴って近い将来に協力が得られなくなっている。このことは狩猟者や農林業の担い手が減っている問題と同じである。

こうして近い将来に専門家が消えるということは、検討会の議論に参加する人の専門性も失われるということにもつながる。科学的に客観的に計画（政策案）を評価して軌道修正する機能が検討会から失われるのだから、問題は深刻である。現在、この分野の検討会は高齢化する研究者によってなんとか支えられてはいるが、社会がこの問題の深刻さに気づかないうちに、年度の変わり目に、一人、また一人と消えている。

このことは、自然環境に対応するPDCAサイクルの中で、計画立案（P）、評価（C）、軌道修正（A）がまともに機能しなくなるということを意味している。それは鳥獣行政の担当者がなんとかできる問題ではない。その改善は、多くの生物系の研究者やアマチュアのナチュラリストたちの良心に期待するところである。

野生動物の何が知りたいか

科学的情報が政策決定にいかに重要であるかということを、私たちは新型コロナ禍にある日常を通して思い知らされている。野生動物の問題について社会がやるべきことは、野生動物と人間の軋轢の解消と、生物多様性保全の観点から対象動物が絶滅の危機に瀕しないよう配慮することの二点である。野生動物のマネジメントにおける政策（対策）決定において必要な科学的情報としては、最初に、問題となる野生動物の分布の動向、およその個体数の推移、できれば両者の組み合わせで、密度分布と呼ばれる地域的な密度の濃淡が知りたい。そのことと被害の情報を突き合わせて、対策をどのように展開すれば効果が出るかを考えるためだ。

私たちは森に潜む動物たちの本当のことはなかなかわからない。そのため、可能な限り得られる材料を指標として、変化の推移を予測することが、とりあえずできることだ。目撃、被害、捕獲、こうして得られた動物の位置や情報の内容から、分布の外周がわかる。その頻度から生息密度の濃淡を大まかに読み取ることもできる。次に、どのような対策が有効であるかを考える。被害が出たら困る場所には出てきてほしくない。出没を防ぐにはどうするか。そこには生態学的な知見、行動学的な知見の蓄積が必要となる。何を食べるのか、行動範囲はどれくらいか、社会性の有無、どれくらいの密度で生きているのか、それらの季節変化はどうなのか、あるいは人口学的に、いつ発情期を迎え、いつ出産し、何頭の子供を産むのか、そして何歳くらいまで生きるのか。といったことを知りたい。

それを知ったうえで、どれくらいの捕獲圧をかけたら集団は減ってくれるのか、またどれくらいの捕獲までなら健全な集団として生き残れるのか、そんな対策の目安が見えてくる。さらには、柵を飛び越える能力、掘り返す能力、泳ぐ能力、積雪・降雪への対応力、等々も知りたい。それらがわかれば被害対策の効果的手段を設定できる。

新しい調査技術を活かすために

特に目立った問題を起こす大型野生動物の実像については、この半世紀ほどの研究者たちの努力によって、おぼろげながら予測ができるようになった。コンピュータが身近な存在となり、各種のソフトの技術開発が進んだことの恩恵も大きい。生け捕りしてGPS首輪を装着して放獣すれば、その個体の位置がわずかな時間差でパソコンの画面に映し出される。自動撮影カメラのデジタル化が進んだ結果、定期的に電池を交換しながら野外に置きっぱなしにすれば、その前に登場する動物や鳥たち、あるいは昆虫だって、何千もの写真が自動で撮影される。こうした膨大なデータをＧＩＳ（地理情報システム）という解析技術を使って空中撮影画像や衛星画像と対比すれば、その動物の行動習性や環境選択性が見えてくるというものだ。

さらに遺伝子解析技術の発展によって、捕獲された個体の血液などから由来がわかるようになった。野外で採取した体毛や糞から遺伝子が採取されれば個体識別ができて、それが密度計算にもつながる。最近なら、河川の水の成分から生物群を抽出する環境ＤＮＡなる技術まで登場した。同時に、統計学の進展によってこうした情報を活用する解析技術も進んでいる。このように、技術革新は確実にこれまでの調査の設計図を塗り替えてきた。

とはいえ、必要なデータを得る前に、生け捕りしたり、痕跡を採取したり、現地にカメラを設置したりする労力が変わることはない。統計解析技術が進化したからこそ、精度を追求するために、現場のサンプリング地点には十分な数が必要だ。そのため山に分け入ることはやはり必要であるし、山を歩いて自然を肌で感じる人でなければ、解析結果の解釈の段階でとんちんかんな結論が導き出され、実質的に実を結ぶことができない。ＡＩが計算で導き出した答えが正しいかどうか、そのモデル統計式が正しいかどうかを、いったい誰が判断するのか、ということだ。

まともな政策決定を下すためには、必要な調査の機材や労力のコストはかかるし、情報量が増えれば解析の時間と労力も増えていく。そのことを軽視していては何も進まない。そして大事なことは、こうしたことを誰がやるのかということだ。

大学の研究者の研究対象は、いつでも特定の地域の特定の動物を対象にするとは限らない。研究者が異動すれば研究対象も変わる。それが大学の本来のあり方であり、基礎研究を追求する場として当然のことだ。最近は大学の生き残り戦略として自治体との協力体制が謳われるが、本当に自治体にとって有効な機能を期待できるだろうか。それは大学の研究者の自由を奪ってはいないだろうか。そのことが大学の生き残りをかけた一時の経営判断であったなら、研究者にははなはだ迷惑であり、緊急性を伴う自治体にとっても中途半端でメリットは少ない。それよりも、自治体の試験研究機関を強化して、若い研究者を採用して、技術を維持し、情報を確実に蓄積していくことのほうが、先々のことを考えれば有効だろう。

税収難で予算がないという説明は、必要なところに予算を振り分けないことの理由にはならない。ましてや地域住民の安心・安全を確保するための財源がないなどという言い訳は通用しない。もちろん民間を活用するという選択肢もあるが、それには専門性のある人が行政機関の中に配属されていることが前提だ。そうでなければ、民間が持つ機能を効果的に発揮させることはできないし、そもそも民間事業者の能力が適切であるかの判断すらできないだろう。何より、官民いずれであっても専門性ある若者が供給される社会システムが整っていないのだから、外部委託すれば解決するなどということは成立するはずもないのである。

個体数を知りたい理由

ところで、世の中は動物の個体数を知りたがる。しかし、出会うことすら難しい動物の個体数を正確に知ることなど、しょせん無理なことだ。にもかかわらず、なぜ個体数のことが気になるのか。そこには理由がある。

野生動物の分布域が拡大して問題も拡大している現在、駆除の要請が非常に強くなっている。そのため税を投入して捕獲を強化している。こうなると、母集団が何頭で、繁殖による増加分が何頭だから、減らすためには何頭を獲らねばならない。そのためには予算がいくらかかるという論拠を積み上げなくてはならない。だから行政的には個体数の情報が必要になる。捕獲を強化したくても、予算を確保できなければ始まらない。財務と議会を説得するのが行政担当者の重要な仕事であるから、その科学的根拠を積み上げることが必要となっている。

二〇一三（平成二五）年に国は「抜本的な鳥獣捕獲強化対策」により、一〇年後にシカ、イノシシ、カワウの個体数、および被害を出すサルの群れ数を半減させるといういわゆる「半減政策」を宣言して、毎年、交付金を全国の自治体に投入してきた。その結果、狩猟者のきまじめな努力によって動物の密度が下がる傾向が見えてきた自治体もあるようだが、人間社会が決めた行政界に壁や柵が存在するわけではないので、野生動物の往来は遮断されない。そのため、ある自治体で捕獲が始まれば、動物たちは一時的に隣の自治体に避難する。だから、戦略性を持たないまま隣り合う自治体がばらばらに捕獲を続けても、全国の個体数を半減するとなると、なかなかに厳しい目標である。

ところで、この半減政策において、その根拠となる元の個体数とはどのような値だろう。実数を動物から申告させることはできないのだから、替わりに、人の関わった捕獲の情報から一定の指標を安定的、継続的に採取して、その推移を統計処理によって読み取っていく方法をとるしかない。だからこそ、出猟や捕獲の情報の回収が重要になる。出猟や捕獲の情報とは人間の行為の結果であり、最も簡便で基本的な密度情報であるのだから、確実に吸い上げないといけない。しかも、税を投入している以上はデータを回収するのは当然である。

捕獲実績と出猟頻度の情報が集まれば、ある場所における狩猟者一人一日当たりの平均捕獲数、すなわち捕獲努力量に対して何頭の捕獲がされたというCPUE（catch per unit effort）と呼ばれる数値が一つの密度の指標となる。ただし、この指標だけでは捕獲数が多くなるほど個体数が多いことになってしまうから、自動撮影カメラによる画像数、痕跡データの量の推移、ある場所における狩猟者一人一日当たりの平均目撃数を示すSPUE（sighting per unit effort）の推移などを加味することによって補完する。

鳥獣行政の担当者は、こうした一連の調査を設計し、予算を確保して、事業化する能力が求められるが、異動してきたばかりの担当者にはなかなか難しい。CPUEの意味や活用方法を理解したうえで、調査計画を立て、狩猟者たちの協力を仰がなければならないからだ。担当者自身が理解できていなければ、現場の高齢な狩猟者たちから情報収集するにも説得力がない。狩猟者たちに「めんどうくせえ」と一喝されれば、努力する心も瞬時に萎えてしまうというものだ。

これだけではない。今どきは野生動物の分野でもどんどん科学的専門性が高まっているので、鳥獣行政分野には新たな専門性のある人材を加えていかないと空回りをする。そのためにも、自治体に試験研究機関を設置する必要性はますます高まっている。

半減政策の基本的な誤解

そもそも半減政策には、個体数を半減するという目標の設定に問題があったと考える。個体数を半減させることと問題がなくなることとは直結せず、個体数を半分に減らす政策の正当性にはまるで論理的根拠がない。確かに個体数を減らせば問題を起こす確率が減ると思いたいが、それは都合のよい幻想でしかない。

相手は動く生きものなので、たとえ本当に個体数が半減しても、残った動物が被害地に集まってくれば、そこの密度は高まってしまい、問題はなくならない。もちろん、本当にスピーディに個体数を激減させることができて、繁殖を抑え、集まる場所にやって来る個体数も少なくできたなら問題はおさまるだろう。しかし、現在の狩猟者たちが精一杯の捕獲を遂行しているにもかかわらず、毎年の捕獲数は減っていないのだから、獲っても獲っても減らないという、すでにそれほどに母集団が増えてしまった状態にあるということだ。環境省では倍以上の捕獲が必要になると予測しているが、狩猟者が消えていく現実を前に、それはいったい誰がやるというのか。

先に4章でタイミングを逃したと書いたのは、このことだ。相手が害性のある野生動物であったなら、取り返しがつかなくなるほど増えてしまう前に、適度な密度の段階を見極めて、それ以上の増殖分は獲り続けるということを社会の標準にしておくべきだった。しかし、人口減少で全国的に人が撤退していく時代に入った以上、適度な密度に維持することは、すでに難しくなっている。タイミングを外さなかったとしても同じことだったかもしれない。

こうなった以上、戦略の軌道修正が必要である。大事なことは、被害が出ては困る場所からはいなくなってもらうことだ。そうであるならば、個体数の全体を半減させるという抽象的な目標ではなく、基本に立ち返って、たとえば、被害の発生する地域を半減させることを目標にして、地域の事情に合った、きめ細かい対策を遂行することに税を投入するべきだろう。

この半減政策を先導する社会の意識には、相変わらず「害獣など駆除で片付くもの」という、昭和時代の幻想を引きずったままの勘違いがある。人間の圧力は確実に衰退する時代となり、狩猟者もいなくなるのだから、相手を制圧するなんてことを考えてはいけない。こうした呪縛とも言える誤解から早く脱却するためにも、随時、相手の状況を把握しながら、戦略を微調整しつつ対応していくことを可能性にする、PDCAの確かな実行システムを自治体ごとに創り上げておくことが先決である。それが最もコスパのよい選択というものだ。

行政組織の機能不全

野生動物という自然環境の要素を法に基づいて公的にマネジメントしていく任務は基本的に行政にある。そのため、準備された法制度に基づく行政システムこそが柱となる。それを有効に活用して事を進めるということだ。では、その根本のところに機能不全は起きていないか、ということを探ってみる。

野生動物がもたらす問題に対処する方法論については、問題の目立ち始めた二〇年ほど前から検討され、法制度も整備され、改定が重ねられてきた。そのことは前項に示した通りである。それ以外にも、自然公園内のシカ対策には自然公園法の中に「生態系維持回復事業計画制度」が設置されたほか、林野庁の森林法の「森林計画制度」においてさえ、鳥獣害対策を書き込むことになった。そして、全体で見ればけっこうな予算が動いている。このことは社会の要請が少しずつ反映されている証拠である。それでもなお問題は改善されていない。ここでの問題は二つある。

一つは、国が法制度や計画制度を充実させてきたにもかかわらず、その仕組みが、都道府県、市町村、そして現場へとつながるようには機能しておらず、本来の法制度の意思が現場に落とし込まれていないことにある。

もう一つは、国、県、市町村、さらには分野別に実施される対策事業のどれもが、個別独立的に進められていて、互いの事業を補完的に仕上げていこうとする意思が働いていないことにある。あるいは、問題を解決するためにつくられているはずの個々の計画が、全体として統一性を欠いたまま稼働して修正されないことにある。

すでに書いてきたように、野生動物の問題は人間活動のさまざまな分野に関係しているので、たとえそれぞれの事業の依拠する法制度が異なるとしても、互いに連携して補完的に機能させなければ根本的な解決にはつながらない。結果的に、それぞれの事業としても成果が得られないのだから、ただ毎年の事業をこなしたということだけになる。関係するそれぞれの法律には、鳥獣対策に関する文言を計画に記載するように制度設計がされており、特に捕獲行為を管轄する鳥獣法とすり合わせるよう指示されている。それが現場では機能しない理由はなぜなのかということだ。

予想される理由の一つは、縦割り行政の弊害というものだろう。本当は、行政の担当者ならみなわかっている。しかし、なぜだか、組織はそのように機能しない。それこそ、まさに古くから指摘され続けながら、決して改善されることのない行政組織の縦割りの壁というものだ。大きな組織ならどこにでも発生する人間社会の必然的現象というべきなのかもしれないが、これからの時代に行政機能の無駄を放置していられる余裕はない。

もう一つ、理由を挙げるとすれば、人減らしと過重労働の影響もあるかもしれない。現代は、国も自治体も財政難のために組織の人数は減る傾向にある。そして一人当たりの仕事量は増えている。その結果、過重労働が問題視されて組織の効率性が強調されるにもかかわらず、実質的な負担が改善されているわけではない。そして、どの部署でも、余計な面倒を増やすなという空気に満ちている。こうした状況の下で他の部署と調整しながら進めろというほうが無理な相談というものだ。行政業務の中でも、特に鳥獣行政の優先順位はもともと低いものだから、ただでさえ多忙なのにそんな面倒を持ち込むなんて勘弁してくれということだ。実にわかりやすい。また、いつの頃からか、継続すべき事業であっても、すべてが単年で予算が執行されるために、毎年の事務量が増える一方になっているということも行政担当者の余裕を奪う原因だろう。

財政難による負のスパイラルは民間も行政も変わりはないが、行政組織が機能しなくなることは地域住民の望むところではない。現在の行政分野の分類は時代の要請に合致していないということだろう。ここに、行政をリードするはずの政治の劣化が見え隠れする。

駆除神話からの脱却

そもそも「野生動物の問題など社会の本流ではない」という認識がまだまだ社会全体に根強いので、異なる部署間で連携するなどという面倒な作業が進むはずもない。「害獣などさっさと駆除しておけ。そんなことは些末なことだ」。こうした駆除だけやっていれば鳥獣の問題は解決するという昭和の時代からなお続く固定化した思考を、原発の安全神話にならって駆除神話と呼びたい。すべては駆除神話に帰結して思考が停止している。そうこうするうちに動物の側はどんどん分布を拡大していく。

鳥獣行政がこうした状況のまま変わらないのは、駆除こそが地域社会の変わらぬ意思だからに違いない。地域住民の声を反映する議会までが、深く考えることもなく「面倒な害獣など駆除しておけ」との思考にとどまっているからにほかならない。個体数半減政策を成立させたのも、地域の駆除神話に導かれて国会の審議を主導した結果だ。

そうした声を上げる人々は、狩猟者が高齢化して消えていく現実に気づいていないのか、知りたくもないのか、そんなことはないはずだ。周りは高齢者ばかりの地域の現実に気づいていないはずがない。わかっていながら見ないふりをしているだけである。それを思うと行政システムが十分に機能していないとか、調整能力がないとか、ここまで書いてきた事柄で行政機関を責めるのは酷と言うものだろう。社会の意思が政治に反映し、行政は政治に忠実に応えることが仕事だ。地域社会が求めなければ、行政機能が改善されるはずもない。

世の中には理不尽な出来事がいっぱいだから、野生動物の問題など、ちゃんと考える余裕もないのだろう。ずっと昔から地元の猟師が片付けてくれていたのだから、これからもそうしてもらいたいと漠然と思っているだけだろう。いずれ近いうちにとんでもないことになるというのに、地方議会という政治の舞台までが高齢化によって機能不全に陥っているとしたら、コミュニティに参加する住民が自ら考え、声を上げて、駆除神話に取りつかれた地域社会を変えていくしかない。

ここまで書いてきたとおり、野生動物問題に対処するＰＤＣＡサイクルのほとんどの段階においてトラブルがあり、ショートしている。人口減少が深まる中でこのままの状態が続けば、次の世代の人々が大変なリスクを背負うことになる。そのことをまず自覚するべきだろう。

9章　現場の実行体制

悪循環を断ち切る

本章では、計画によって生み出された対策を現場で実行していく体制のＰＤＣＡのＤについて書くことにする。いくら計画をつくってＰＤＣＡを稼働させようとしても、現場で実行できなければ始まらない。実はこの半世紀ほどの間に、野生動物と対峙する現場を壊してしまったことも、問題が大きくなってしまった原因の一つである。

野生動物の対策は、環境整備、柵設置、捕獲、の組み合わせであることはⅡ部の6章で書いたが、それぞれを現場で実行する専門技術は、農業、林業、造園あるいは土木の業界で継承されてきたものである。さらに、捕獲の技術なら地域の狩猟者が、代々、継承してきた。半世紀ほど前なら毛皮や肉が換金できて、狩猟は生業でありえた。家族を支えるために、安全を意識して厳しい山の中で仕事をする知恵が凝縮されていたものだ。

たとえ人口減少が進んでも、人口密度が偏ることなく、世代も偏ることなく、人々の生活の場が広く全国に展開されて、日本列島の全体に活気が広がれば、それこそが野生動物を抑え込む基盤となる。上の世代が昔ながらの生活の知恵と技術を提供し、若い世代はそこに新たな技術をブレンドする。その先導役が農林業であったなら、農地や林地で展開される人々の活動が、その先の市街地への野生動物の侵入を防ぐだろう。それこそが人と獣の理想的なパワーバランスのイメージである。

昔から、獣害対策は地域住民が主体的に行うことになっていた。自分の土地は自分で護れ。予算の補助はするけれども柵の設置は自分でやりなさい。市街地までクマやイノシシが出てきて困るというのなら、通路となる緑地や河川敷の植物の刈り払いも自分たちでやりなさい。駆除も地元の猟師にやってもらいなさい。昔の人たちはそういうことを日常的に行っていたので、それで済んできた。しかし、いまでは高齢者ばかりとなった地域にそれを要求しても無理がある。しかし、放置すれば害性のある野生動物がその先へと出てくる。

野生動物が日常的に現れる現象は、いずれどこにでも発生する社会全体のリスクである。この問題に向き合う体制を生み出すことは基本的なインフラ整備であって、この面倒な問題に安定して持続的に対応できるかどうかが、地域存続の鍵を握っている。クマ、シカ、イノシシ、サルなど、危険な野生動物が日常的に生活空間の中に出没して、アライグマが天井裏に入り込んで家の壁を糞尿で汚す。おまけに感染症を持ち込むなどということは、普通の住民なら容認できない。それすら防げない自治体では、若い世代も移り住んでくれない。若者が移り住まなくては実行体制を生み出せない。そんな悪循環に陥っていく。こうした悪循環をどこで断ち切り、どのように突破するかということをよく考えて、人が消えてしまう前に取り組まないといけない。

財源の話から

まず財源のことを考える。野生動物の問題は鳥獣行政の範疇で片付く問題ではない。これは環境問題であり、ときに災害でもあるのだから、個人で片付けられる問題でもない。したがって、税を執行する立場にある行政や議会に理解していただきたいことは、より戦略的に向き合うということだ。

財源がないからできないという言葉はよく聞かれる。人口が減るのだから税収が減るのは当然のことだ。まずは地域住民の生活を支えるために、限られた財源をどのようにうまく無駄なく使うかという議論から始まるのだろう。野生動物があふれかえる事態に対処するということを考える際にも、無駄なことに予算を使わないこと、そのかわり、できる限り確かな効果が得られることに必要な予算を振り分けることだ。

まずは、先々を考えて、体制を整える予算を確保することを最優先にしなくてはならない。問題があふれ、住民の不満が爆発して、あわてて駆除の予算を確保するのがこれまでのことだが、捕獲の専門家がいなくなるというのに、素人の高齢者による効率の悪い駆除の費用を確保したところで、あくまでその場しのぎにしかならない。そんなことは承知しておられるはずだが、それにもかかわらず前例にならったまま修正しないのは、問題を軽視して体制を変えることの面倒を避けているだけのことだ。

そしてもう一つ、高齢者ばかりで、自ら野生動物に向き合うこともできないような小さな集落に振り分ける予算はない。そんな切り捨て論がきっと出てくる。市町村合併が進む中で、山間部の現場ほどすでにそんな事態に追い込まれている。しかし、思い出してもらいたい。かつては山に近いエリアの人々の生活こそが野生動物の出没を抑える防波堤になってきた。それをどこかに再構築することを考えないと、野生動物はさらに進出してくる。自分の住んでいない場所に税を投入するのは無駄だとか嫌だとかいった理屈は成り立たない。これは水源税を徴収する論理や、災害を防ぐために堤防をつくる論理と同じことだ。都市部に住んでいるから知らない、関係ないと、見ないふりをしていたらいずれ痛い目を見る。このことに誰もが早く気づかなくてはならない。

この問題にはコモンズの考え方を持ち込まないといけない。コモンズとは、草原、森林、漁場などの共有地およびそれを共同利用することであり、野生動物の防波堤もコモンズとして考えるべき事柄である。その意味では、たとえば二〇一八（平成三〇）年に生み出された森林環境税のように、国民全体から徴収した税を国から現場の自治体へと投入する仕組みはよいかもしれない。ただし、野放図に税をばらまかれても困る。その予算を使う自治体の側に必ず環境問題の全体を俯瞰できる専門性が必要である。

それぞれの自治体あるいはコミュニティは、野生動物から何を護りたいのか、どこを護りたいのか、それを空間的にイメージして、どの空間を防波堤（バリア・ゾーン）として、あるいは緩衝帯（バッファ・ゾーン）として機能させるのか、そして、そこに人々のどんな暮らしを配置したら防波堤機能につながるかということまで考えないといけない。おそらく、もう一度、農林業を活性化させることにこそ活路があるという結論に至るはずだ。

協働の意識で環境を整備する

野生動物の問題を事後対策ではなく予防的に取り組むには、野生動物が侵入してこないように環境を整えておくことが大前提である。それには茂り放題の植物を管理することが第一だから、必要になる専門技術は、林業、農業、造園業、あるいは土木の分野で維持されてきたものである。毎年のように植物は茂るので、環境整備の仕事を安定して遂行できる専門事業体を、地域社会として維持していかなくてはならない。それは官民いずれの形であってもよいが、技術を継承していく若い世代の雇用を安定して生み出すことが前提になる。

とはいえ、環境整備の仕事をすべて公共事業で賄うには財源の負担が大きい。そうなると、やはり個人の敷地の植物の刈り払いくらいは地主が自らやってもらわないといけない。自分でできなければ、対価を払って業者に頼むことになるのだろう。あるいは、地域コミュニティの消防団や自警団のような組織が肩代わりするという手段もあるかもしれない。

獣害問題は地域の問題でありながら、実は個々の地主の問題でもある。地域住民の足並みがそろわず、一部の耕作地で草が茂り放題、林や藪が放置されたまま、そんな手入れのされない環境がモザイク状に残っていたら、間違いなく野生動物の侵入を許してしまう。この放置された緑地のモザイクが大きな問題になっていくことは、これまで説明してきた通りだ。小さな土地の地権者の意思が、広くコミュニティ全体に影響してしまうので、そこには調整が必要となる。コミュニティの共通の問題に対して協働の意識を高めていく必要がある。空き家に関しては、二〇一五（平成二七）年に空き家対策特別措置法ができて、放置されて倒壊の危険がある空き家は強制撤去することが可能になった。

このことは、すでに森林・林業分野で問題になっている不在地主の問題と同様だ。地元の地権者が高齢化して亡くなった後に、土地の相続人が地元にいない、見つからない。それゆえに地域の災害対策のためであっても森林に手をつけられなかった。そしてようやく二〇一八（平成三〇）年に森林経営管理法がつくられて、先に挙げた森林環境税、森林環境譲与税とセットで市町村が対応できることになった。近い将来には、農地や宅地においても、公的権限ですみやかに環境整備を遂行して、野生動物の侵入を防ぐ環境創りを進めていくことになるだろう。そうしなければ大変なことになるのは明らかだ。

ただし、公的な予算を投入することになるからこそ、野放図、無計画では済まされない。どこを護るのか、何を護るのか、そのことを具体的に地図化して、それぞれのエリアで実行すべきことを明確にして、効率よく、効果的に実行していくことだ。そこにはやはり、全体を調整していくコーディネーターが必要になる。

専門技術者と住民とコーディネーター

環境整備や柵の設置など、野生動物の侵入を未然に防ぐには、専門的な技術を持つ事業体が進めるほうが、仕事の質、安全管理などの面で確かなことだ。それは地域に雇用を生み出すという意味でも期待できる。特に山間部の森林管理業務などは、林業技術者によって技術指導や監督をしなければ事故につながる。専門性もないのに適当に手を入れた森林は災害につながる。

しかしながら、専門技術者をどれほど投入できるかということは財源次第だ。そうなると、あまり専門性を要しない、あまり危険を伴わないような作業については、住民の有志や外部ボランティアで構成する実行組織を生み出すことになる。委託事業では、どうしても契約書の仕様の範囲という制約があるというのなら、地域の消防団、自警団のような組織をつくって、鳥獣対策の技術を地元の後継者に伝えつつ、協働していくような社会の仕組みを生み出すほうが効果的であるかもしれない。

こうしたことは、すでに社会科学の分野で紹介されていることだが、過疎地で限界集落を回避するための試行的取り組みがすでにたくさん始まっている。たとえば高齢者の生活を支えるために、除雪や雪下ろしの技術、農業の技術を伝授する活動が生まれているし、被災地のボランティア活動からも、そうした社会の実現可能性が読み取れる。おそらく獣害対策も、そんな多様なスタイルで実行していくことになるのだろう。

現在、農林水産省および林野庁では、農村向けに獣害対策に向けた地域リーダー育成研修事業などが行われている（図38）。また、自治体独自の制度もある。まだまだ少ないものの、そうした人たちが市町村の現場に張り付いて獣害問題に向き合い始めていることは、大いに期待できる。この先のさらなる専門性を担保するには、その人たちの技術やプロ意識、あるいは職業倫理について評価し、さらに高めていく仕組みが必要であるし、その研修を受けた人たちがいつまでも非常勤扱いではいけない。それでは継いでいく若者が集まらない。こういう専門性を持つ人は地域ごとに必ず必要なのだから、そういう人を社会として大事にする仕組みをつくっていかなくてはならない。

また現在、問題を理解した人たちが各地で展開している方法の一つに、住民や役場の人と一緒になって集落診断をするというアプローチがある（図39）。住民参加で、野生動物が出没している場所、被害の出ている場所を特定し、誘引物を特定し、改善のヒントを見つけ出して、環境整備のための草刈りや、柵の設置をみんなで進めていく。そこではあくまで住民の主体性を引き出すことに力点が置かれている。ばらばらの住民意識を一つに取りまとめて、協働で対策を進めていく仕掛けの一つだ。

問題はそうした仕事の社会的重要性、必要性がまだまだ認識されていないことにある。待遇や予算面で軽視されていることだ。これは、社会のニーズが高くなっているにもかかわらず待遇がきわめて低いまま改善されない、介護士、看護師、保育士といった職業が抱える問題の根源とつながっている。このことは間違いなく、直面する人口減少社会の現実を政治家たちが理解していない証拠である。

話を戻すが、野生動物の問題に向き合う活動をリードしていく人たちは、野生動物に関する基礎的な知識、たとえば生態や行動に関する知識を持っていないといけないし、被害対策の論理も対策技術

林業地　獣害対策
農林水産省　平成29年度鳥獣被害対策基盤支援事業
鳥獣被害対策コーディネーター等育成研修
開催案内
シカ等野生鳥獣が全国的に増加し、農業だけでなく、林業にも多大な被害を与えています。林業地で被害対策を推進するため、計画策定を担う「鳥獣被害対策コーディネーター」、対策実行現場で中心的な役割を担う「地域リーダー（森林）」を育成する研修会を開催します。
全国9ヶ所で開催が予定されています。裏面の開催地をご覧の上、お申し込みください。研修会では、座学に加え、くくりわなや防護柵を用いた野外実習等を行います。カリキュラムについては内面をご覧ください。
鳥獣被害対策コーディネーター
鳥獣被害対策(※)に関する幅広い知識をもち、被害対策の計画策定能力をもつ人材の育成を目的とする研修会です。4日間×2回（前・後期）の研修期間内で、計画策定に必要とされる基礎知識等の座学、被害対策技術の野外実習に加え、計画策定実習を行います。
主な対象者：森林総合監理士、森林管理局署職員、普及指導員、森林施業プランナー、都道府県担当職員、市町村担当職員、民間事業者等
地域リーダー（森林）
鳥獣被害対策(※)の技術を身につけ、実行現場で指揮をとることができる人材の育成を目的とする研修会です。3日間の研修期間で、被害対策に関する基礎知識および技術に関する座学、野外実習を行います。
主な対象者：森林管理署職員、普及指導員、市町村担当職員、森林組合職員、林業事業体職員等
(※)全国的な被害状況から本研修会で扱う獣種はシカのみとなります。
参加費用　無料（テキスト代を含む）
参加申込　Web申込フォームまたはEmail, Fax
主催　株式会社 野生動物保護管理事務所
http://www.wmo.co.jp／東京都町田市小山ヶ丘1-10-13／Tel 042-860-0256

図38　地域リーダー育成研修事業の開催案内リーフレット
出典：㈱野生動物保護管理事務所ウェブサイト

図 39　集落診断のイメージと進め方
出典：復興庁（2018）『福島県避難 12 市町村 イノシシ被害対策技術マニュアル』p.22-23 の図Ⅱ -1、2 を参考に作図。

も頭に入れておくべきだ。地域に関する社会的な情報も、頭に入れておかないといけない。だから、たいていは成果を上げるまでに時間がかかるものだ。ぜひ、気長に育てる気持ちでしばらくつきあってもらいたい。確実に成果を上げている人たちがすでに出てきている。

捕獲の実行体制

捕獲の法制度の変遷については先に3章で紹介したが、野生鳥獣の捕獲には非常に危険が伴う。だから、捕獲行為だけは素人に扱ってもらっては困る。しっかりと訓練された職人気質の技術者がやるべきだ。捕獲行為が危険である理由は、銃やワナを扱うこと、猟犬を扱うこと、それらが他人を巻き込んで死傷事故をもたらす可能性があること、死に物狂いの獲物から猛反撃を受ければ事故につながる可能性があること、そして何より、動物の生命を奪う仕事であることによる。だからこそ、確かな職業倫理を持つ者が携わるべきである。

さらに、山の中での捕獲となれば、四季折々に山の中を駆け回る技術が伴っていなければ遭難してしまう。また最近では市街地や公道に動物が出没することも珍しいことではなくなったから、そうした地域での捕獲には住民の安全を確保する意識と技術がますます要求される。

二〇一五（平成二七）年の鳥獣法改正で、認定鳥獣捕獲等事業者という制度が設置された。それにより認定された法人が、指定管理鳥獣捕獲等事業のような管理のための捕獲を遂行する事業の受け皿になることができる。この先さらに人口が減少し、狩猟者がいなくなれば、時代の要請に合わせて、この認定事業者制度をより実効性を持つ制度へと改定しながら、各地に捕獲の職業集団が配置されていくようになるのだろう。その場合、民間のみでなく半官半民の組織、官の直営という形もありうることだ。地域それぞれに模索して、よりよい在り方を選択していくことになるだろう。

留意すべきことは、この仕事に求められる技術は一朝一夕では得られないということだ。急峻な山岳地域の多いこの国では、地域それぞれの地理的条件の中で野生動物と対峙することになる。そのための技術は、その場所で維持されて後継者に引き継がれていくほうが、無駄がない。また、安全管理の面からも捕獲は地元との調整の中で行われなくてはならないから、銃を持って山に入る集団が顔見知りのほうが安心だろう。イメージとしては消防隊、県警の山岳救助隊のように、常に地域で訓練を継続している人たちの集団だ。

民間にできないことではないが、入札でころころ事業者が変わる仕組みを変えない限り、この業務に向いているとは思えない。初めての現場を把握するために余計な手間がかかり、その分の費用を余計に見積もらなくてはならない。深く考えもしないで金額入札を行えば、安い札を入れて受託した事業者は、経営上から安全対策を省くことになる。また、銃を持って山に入る集団の顔がころころ変わることを地元はなかなか納得しないだろう。結局のところ、行政による地元調整の労力が増えるだけのことだ。それが経費削減につながるものか、よくよく考えて体制をつくり上げてもらいたい。

モニタリングの実行体制

8章で科学的情報の積み上げの重要さを書いた。それは、計画を策定して実行した後に、正しく効果を評価して、計画をよい方向に導いていくことが求められているからである。それは予算の効率化のための必須であることによる。

野生動物の問題は今後ますます大きくなる。それは避けられないので、まずは科学的情報を積み上げる体制をつくり上げておくことだ。狩猟者がボランティアで駆除をやってくれた昭和の時代とは違って、捕獲の遂行にはますますお金がかかる。問題を解決するために何頭の捕獲をしたらよいのか、その捕獲はどのように行うとよいか、あるいは捕獲以外の予防的対策は十分に実施されているか、そういうことを科学的に見極めながら進めていかなければきりがない。そのことを理解するべきだ。モニタリング調査はそのための判断材料を得るために行うものであり、行政の仕組みとして欠かせないものだ。

では、そのモニタリング調査を誰がやるのか。何より都道府県に独自の試験研究機関を持って研究者を配置しておくことこそ理想である。野生動物にとって行政界は関係ないので、たとえば道州制で語られたような範囲の自治体が合同で試験研究機関を抱えることでもよいだろう。国が維持することでもよいかもしれない。そうした組織に専門技術者を配置して、調査設計を行い、予算を確保して実行していく。そのうえで現場調査についてはは民間をどんどん活用したらよい。内容によってはボランほうが、はるかに効率がよい。その意味で、試験研究機関の設置は必須であると考える。

あるいは捕獲行為などの技術面でのコントロールタワーとしての任務に携わる人とは分けて配置する

免許の認可手続き、講習会の開催もある。その意味では行政的調整業務に携わる人と、調査や解析、

業務を放り出し、市民の安全を確保しながら数日の間は捕獲に奔走することになる。そのうえ、狩猟

整、さらに国との調整に追われる日々だ。市街地にイノシシやクマが現れたなら、複数の職員が通常

当職員たちは、個々の案件に対応し、住民との調整、市町村との調整、県内の警察や関係部署との調

ドしたりコントロールしたりすることができない。問題は各地でますます大きくなっていくから、担

ない。そうでなければ鳥獣法の関連事業を遂行するにあたって、民間事業者や狩猟の担い手集団をリー

　とはいえ、自治体の鳥獣行政担当者も調査の結果について自ら理解できる能力を持たなくてはなら

容としては不安が残る。とたんにトラブルが発生して信頼性が失われる事態になりかねない。

維持していく、いわば情報管理も重要な作業であるから、すぐに異動してしまう行政担当者の業務内

民間事業者を使いながら進めるという考え方もあるだろうが、毎年の情報を蓄積してデータバンクを

やはり試験研究機関の専門技術者である。試験研究機関を持たずに、行政部署に専門技術者を置いて、

　これからの時代なら、解析はＡＩがどんどんやっていくのかもしれないが、それをリードするのは

となる組織を確立することだ。それが無駄を省くためには欠かせないということだ。

ティアを総動員して情報を集めることがあってもよい。まずは、モニタリングのコントロールタワー

10章　人を育てる

少し先の私たちの暮らし

新型コロナウイルスの見えないしたたかさ、たくましさによって、私たちのこれまでのライフスタイルに確実にブレーキがかかった。発表される感染者数が少なくなったからと、人の活動が再開された途端に感染者が増える。このグローバリズムの時代に、世界中の経済活動が一斉に停まったこの事態は、ある意味で奇跡を感じずにはいられない。とはいえ、新薬が完成するまでの数年間をじっと耐えているわけにもいくまい。そろそろ次に向けて動き出そうと考える人が出てくるだろう。しかし、これまでと同じでは駄目だというところから始めたい。

この与えられた時間こそ、新しい社会の形を考え直すチャンスにしないといけない。少なくとも私たちの国は、問題が山積みのまま軌道修正もできずに走り続けてきたのだから、今こそ、それぞれの立場で、それぞれが取り組むべき問題とは何かということをじっくりと見直すべきだろう。

二〇五〇（令和三二）年の人口減少マップは人々の東京への一極集中を予測している。その一方で、近い将来に高い確率で発生すると言われる首都直下地震によって東京は壊滅し、日本の中枢機能は完全に停止するとの予測もある。さらに、南海トラフ地震や富士山の噴火が起き、太平洋岸が津波によって大きく破壊されるとも予想されている。おまけに地球温暖化は確実に進むのだから、都会ほど極端な高温状態となることは避けられない。建物の中の人間がたくさんのクーラーを使用するせいで外気温はさらに上がり、熱帯夜が続き、その結果、毎日、激しく乱れる気象現象にさらされる。その予兆はすでに始まっている。そんな生命に関わるリスクが高まるというのに、人々は東京での暮らしを望むだろうか。すでに住んでいる人ならいざ知らず、外から集まってくる人はよほどのギャンブラーだ。

コロナ禍の中でオンラインによる仕事の形が浸透し始めた。やがて洗練されていくに違いない。ネット環境はさらに改善され、物流もドローンで進化していくのなら、涼しい風の通る田園風景の中で、早朝に畑に出て、コミュニティのみんなと農作物を収穫して汗を流し、日差しの強い昼間は家の中で休む。パソコンに向かって仕事をする者もいるだろう。すでに世界を相手にネット会議だってできる時代である。メインの仕事を何にして、それぞれの仕事の時間は、いつ、どれほどにするのか、あるいは労働以外の時間をどう確保するか、その配分の仕方は個人の自由裁量になっていくだろう。AIが労働を肩代わりする時代とは、そういう暮らしを可能にするということだ。技術の恩恵は一部の金持ちが独占するためにあるのではない。社会全体が享受するものでなければ人類は幸せにはならないし、そうでなければ暴力や争いが絶えることはないだろう。

田舎のコミュニティには、協働でこなすべき仕事がたくさんある。草刈りなどの環境整備、老人や子供の見守りや送迎、郵便や荷物の配達、コミュニティに参加する誰もが必要とするこうした仕事を互いに分担する。そんな生き方を選ぶ人は増えてくるはずだ。これは社会学分野の研究者がすでに指摘するところであるけれど、生物としての人間の生き方としてもきわめて健全な選択だろう。

もちろん酷暑の季節を過ぎたなら、少しは気候が穏やかになった東京に戻って仕事をするのもよい。そんな季節移動型の生活が当たり前になるかもしれない。住民税だって半分ずつにしたら自治体はありがたいだろう。もちろん、田舎に根を生やして暮らす人だって増えるだろう。農業の繁忙期には、東京から移動してきた人が助っ人に入ればいい。高齢者だって、酷暑の東京で暮らすのは大変だ。外出もままならないばかりか、屋内にいても熱中症で亡くなるリスクを抱えて日々を過ごすより、田舎暮らしに切り替えて、できるだけ外に出て畑仕事をしながら、いつか穏やかに息を引き取ることを望む人も増えるだろう。

この先、技術が高速スピードで進化する中で、数年先の人の生き方だってわかったものではないが、社会が持続的であるためには野生動物と向き合う仕組みは必須のことなので、遅れることなく、しっかりつくり上げておかなければならない。かつて地域の日常を通して継承されてきたものが壊れてしまったからといって、基本は昔から変わるものではない。だからこそ問題をきちんと見極め、受け止められる感性を持った人を育てておくことだ。何かをＡＩにさせるにしても、インプットする人の見識が間違っていれば社会のためにはならない。

最後の章では、野生動物と向き合う社会システムの、それぞれのポジションを支える人とはどんな人で、新たな時代のどこで生み出されてくるのかということを考えてみる。

まずはコミュニケーション

いまどき就活でも組織運営の現場でもこの言葉が出てくるので、うんざりするかもしれないが、それでも野生動物の問題を解決する仕事には、やはりコミュニケーション能力が必要である。

たとえば、行政用語で鳥獣行政と呼ばれる、野生動物をマネジメントしていく仕事の基本は「調整」に尽きる。その理由は、この仕事が実に多くの利害関係者（ステークホルダー）を相手にすることによる。地域住民、被害を受ける農業者、林業者、水産事業者、そして狩猟者、自然保護団体、愛護的思想から動物と向き合う愛護団体、研究者、そして議会（政治家）。こうした人々との合意形成を成立させていかなくてはならない。当然のことながら行政内部でも、鳥獣行政、農政、林政、河川、道路、都市環境といった、たくさんの部署間で調整が必要になる。何せ野生動物は確実に日常的な災害要素となるのだから、大雨、洪水、土砂災害と同じように、予防的なインフラ整備と理解して分野横断的に対処しなくては解決しない。現状では、ここの部分のコミュニケーション不足が一つの壁になっている。

人口が減り、集落から人が消え、住民はどこかに集まって暮らすようになるだろう。その場所は、国の構想にある小さな拠点とかコンパクトシティと呼ばれるものかもしれないが、拠点をどこにするかを決めるのは、集まってくる住民自身である。コミュニティに集まる人たちのこだわりやがんばりが、その場所を決めていく。おまけに、災害が多発する時代になったので、人々の暮らしの拠点は強引に移動を強いられるものだ。そうして生まれる新たなコミュニティには、代々の地元の人たちと、新たに移ってきた人たちとの間のコミュニケーションが必要であるし、世代間の意見調整も必要になる。面倒などと言ってはいられない。声に出して主張し、あるいは他人の声に耳を傾けて、新しいコミュニティの在り方を自分たちで手作りしていかないと、未来は生まれないということだ。

島根からの提案

私は、縁あって福島県の鳥獣対策専門官となり、二〇一七（平成二九）年からは原発事故の避難地域を対象にした獣害対策の専門家チームに参加してきた。人が消えた空間では、街中でさえイノシシが我が物顔で歩いている。そのため避難地域指定が解除されても、なかなか住民が帰還できる空間にはならない。その問題を改善することを目指して専門的立場から市町村の担当者をサポートする任務である。

イノシシの捕獲が強化されているとはいえ、地元の狩猟者は遠方から避難地域に通って捕獲を続けている。おまけに捕獲をしても放射能に汚染された動物の肉が食べられるわけでもなく、体内に蓄積された放射性物質を拡散させないために、遠方の決められた場所まで運ばなくてはならない。除染は口で言うほど簡単ではない。積み上げられた汚染土のフレコンバッグも二〇一九（令和元）年の豪雨によって流され、穴が開いた。アンダーコントロールやら復興五輪などと軽々しく口にするべきものではない。

そんな現場を見ながら、情報収集の目的で島根県の中山間地域センターにおじゃまする機会を得た。ここでは獣害問題を早くから地域社会全体の問題としてとらえ、地域と向き合った丁寧な対策を進めておられる。過疎への先進的な取り組みをベースにして鳥獣問題と向き合っているところが光っている。

島根県は早くから過疎が深刻化した自治体で、「過疎発祥の地」とされている。島根県美濃郡匹見《みのぐんひきみ》町《ちょう》（現・益田市）の町長が、昭和四十年代に「過疎」の言葉を用いて、豪雪の影響で集落が消滅していく現状を国会で切実に陳述したことでこの語が世間に認知され、過疎法の成立へとつながったとされている。そして島根県中山間地域センターは、一九九五（平成七）年に、当時の澄田信義知事が中山間地域振興研究の拡充を表明し、翌年の中国地方知事会において、中国地方五県の共同研究センターとして位置付け、一九九八（平成一〇）年に発足した組織である。その活動コンセプトは、①総合的な中山間地域対策の展開、②持続的な社会システムづくりの推進、③広域的な地域連携の推進、を掲げ、現在に至るまで、農業、林業、畜産の各試験機関にとどまらず、地域振興の部門を連結させ、組織改編を重ねながら目的に合致させる方向で努力を重ねている。

現在、持続可能な地域社会総合研究所所長であり、かつてこのセンターの研究統括監という職に就いていた藤山浩は、『「農業を株式会社化する」という無理　これからの農業論』という本の中で、「年に一%ずつで田園回帰はできる」というタイトルの章を書いておられる。それは過疎問題に現場で真摯に取り組む研究者の立場から、やはり一連の増田レポートに対する違和感の表明であり、具体的な対策提案である。

まずは急速な増加を目指そうとするのではなく、あくまでゆっくりと、タイトルの通り一%ずつ定住者を増やそうということ。一人ひとりが固定の仕事をこなすのではなくて、互いにそれぞれの人が何役もこなせるようにしよう。一人分の賃金が払えなくて潰れてしまうのではなくて、〇・五人、〇・三人、〇・二人分といった具合に仕事をシェアしていけば続くという、生業の足し算というべき働き方（生業足し算論）の提案。あるいは「大規模」「集中」「専門化」「遠隔化」を基本とするこれまでの社会の仕組みを、「小規模」「分散」「複合化」「近隣循環」という循環型社会へと切り替えることなど、たくさんの希望に満ちた提案をされている。

このことは過疎地の問題に特化したものではなく、限りある地球の資源に基づいて、生態系に配慮しながら生きていかざるをえない、まさに環境の時代の生き方そのものの提案であり、それぞれの現場で具体化するためのテキストのように読めた。そしてまた、「選択と集中」の思考はあくまで企業経営の論理であって、それを地域つくりに応用してはいけないこと、それによって切り捨てられてよい人などいない。とも書かれている。

中山間地域センターの首席研究員の有田昭一郎は、根気よく家計調査を続けた結果、地域経済の購入の半分以上が地域外からで、地域の生産品が購入されていないことを明らかにした。これではお金は外に出ていく一方である。これから地域社会が成立していくには「循環型社会」が必要になるのであって、地域の生産物を自分たちで購入することによって支え合う社会の実現を目指そうと提案している。おそらく間違いなく、現場の実情に関する丁寧な解析をすることが始まりで、それに基づく将来設計によって、初めて日本の未来は明るくなっていくと思われる。グローバリズムに翻弄されるばかりが生き方ではない。「グローカル」という言葉が意味することはそういうことだろう。

野生動物と社会福祉

ところで、野生動物がもたらす問題の解決の方向は、社会保障、社会福祉に通じるものがある。財政難の時代へと移行する中、社会は孤立する集落への行政サービスを切り捨てる傾向にある。そのことが獣害問題の拡大につながっている。

過疎の進む地域に暮らす高齢者は、小規模な農地で日常の食糧や孫たちに食べさせたいというささやかな楽しみのために農作物をつくって暮らしている方が多い。それを野生動物に荒らされるので、なんとかしてくれと役場に不満をぶつける。ところが、そこに駆除用のワナを置いたら終わりとはならない。なぜなら問題の本質は獣害にあるわけではなくて、高齢者の不安にあるからだ。誰かがときどき元気にしているかと訪ねていって、縁側で茶飲み話の相手をしながら、ついでにサルを追い払ったり、畑の柵の張り具合を確認したり、必要なら補修もする。できれば若い人が一緒になって行動し、孤独な高齢者を支える支援があったなら、獣害というフラストレーションはかなり緩和できる。こうして高齢者の気持ちに寄り添うことが獣害対策の本質である。

そのことは、たとえば近畿中国四国農業研究センターにおられた井上雅央が、何年も前から提案し実践してきたことである。獣害問題は被害額の大小とは関係ないと、過疎の進む集落の捨て置かれた状況を改善し、つながりを維持していくことを第一に考えられたことが井上の先進的なところだった。山間の集落で起きる獣害問題とは、そんな高齢者福祉的な対応こそ必要としている。そのことは、まさに先に挙げた藤山浩の「生業足し算論」でもある。

市町村役場の管轄範囲は合併を重ねるたびに広くなってきた。にもかかわらず、職員は減っていくのだから、総じて人手不足になるのは当然だ。そして担当者が訪問する頻度は、遠くの山奥の集落から順に減って、やがて切り捨てられていく。そして、獣害対策は地域住民が主体的にやってくださいと言う。ところが、そもそも高齢者なのだから主体的にやるにも限界がある。

ここは社会としてよくよく考えてみるべきだ。農を営んで生きてきた高齢者には元気な人が多い。そんな人を無理に街に呼んでしまえば、慣れない土地で孤立感が増し、認知症になったり、引きこもったり、早々に寝たきりになる可能性も高まるというものだ。自宅が奥山でも、最後まで畑を耕しながら元気に暮らしておられる高齢者の方が幸福であろうし、社会全体で客観的に見てもありがたい存在だ。そんなありがたい高齢者が元気で暮らすために、少しは頻度高く見回って、野生動物の被害で困っていたら手助けできるような仕組みを生み出しておくほうが、財政難の時代に、総合的には支出を減らせるというものだ。

鳥獣害の問題は鳥獣行政の分野だけでとらえていても決して解決しない。行政組織は人手不足で忙しくなるほど縦割りの意識が強くなる。こうした状況を打破するには首長を中心にした政治のリーダーシップが必要である。

生態系で考える人

野生動物との棲み分けも、災害対策も、未来の産業のあり方も、さらには暮らしを支えるエネルギーの供給、日常のごみや産業廃棄物の処理、等々、人間による環境への負荷をどうするかということは、新たなコミュニティの中で解決していかなくてはならない。それらをセットにして暮らしを考えるということが、持続可能な社会、循環型社会を目指す生き方である。そのことを総合的に議論すれば、自ずと生態系で考えるという道に分け入ることになる。

世界的ムーブメントであるSDGsは、二〇三〇（令和一二）年までに持続可能な社会を達成することを目指している。そのことと野生動物の問題に向き合うことは同じテーブルの上にある。

自然は自然資源であって、生態系サービスという恩恵を人々にもたらすものである。そんな最近の考え方でとらえるなら、害獣であっても野生動物は大事な存在だ。そんな相手とどんなふうにつきあっていくかと考えることは、実は、人種、男女、ＬＧＢＴ、その他を含めて、人間界に存在する差別をなくし、多様性を容認していくために考え、工夫することと同じである。努力してみるということだ。

実を言うと、自然を資源という言葉でくるんでしまう経済的思考を私は好まないが、地球温暖化の議論に象徴されるように、どんなに危機が迫っても市場経済の競争意識が前面に出て、どうにも一つにまとまらない。そんな中で苦肉の策であるかのように出てきた「自然環境の保全を経済行為の中に取り込んで考える」という概念を受け入れざるをえない。宇宙船地球号の同乗者として、もはや世界の潮流に逆らうことはできない。それほど危機感を持って生きる時代に入ったということだ。十代のグレタさん世代に任せていないで、普通に生きる私たちにできること、私たちがやらなくてはならないことは、生態系の考え方を当たり前のように日常の中に落とし込んでいくことだろう。

日本は人口減少という大きな節目に入ったが、地球全体の人口は二〇二〇（令和二）年の約七七億人から、たった三〇年先には一〇〇億人に近づくという。この爆発的な人口増加のほうが大問題なのだから、人が減ることが悪いわけではない。その変化のプロセスが速すぎるので支える社会のほうが追いついていないということだ。おまけに技術の進化のスピードも速くなったので、普通の人間の感性なら、ついていくだけでも大変なことだ。しかし、このことは新たな社会の仕組みを創り上げるためのチャンスと思うべきで、誰かに任せておかないで自ら参加することだ。

自然に分け入る人

日本の自然の主役は山である。しかし、人が減ると山に入る人も減ってしまう。コンスタントにそこに入る人がいなければ、その変化や問題に気づくことができない。そうなれば問題を解決する対策も手遅れになる。

山を生活の舞台としていた人たちは、常日頃から、ナタでちょんちょんと小枝を払い、藪の中にけもの道のような歩道を維持しながら分け入って、山の変化を眺めてきたものだ。そんな地域の監視体制が、よそ者による密猟、密伐、盗掘を防いできた。登山者は登山道を歩くだろうが、生態系のマネジャーたる人は、登山道にとどまらず、森に分け入って自然を観察しなくてはならない。シカを捕獲して密度調整をするというのなら、その根拠となる情報を広く集めておかなくてはならない。したがって、こうした仕事を担っていくべき林野庁の国有林や環境省の国立公園の管理機関では、時代の要請に応えるためのスタッフをもっと増やしていかなくては間に合わない。

鳥獣行政のPDCA循環システムにおいては、現状や対策の効果、さらに新たに修正された計画を評価する任務を第三者的な検討会に求めている。そこでは、大学、博物館、試験研究機関に所属する研究者、アマチュアのナチュラリスト、林業家、登山者、狩猟者、こんな人たちが山に分け入ってきた経験に基づいてアドバイスをしてきた。その検討会の場に、この先、現場の視点で判断できる専門家が消えてしまっては困るというものだ。

計画をＡＩがひねり出すようになったら、もはや人は評価しなくてもよい、ということにはならない。ＡＩはあくまで道具である。たたき台を示すにすぎない。その妥当性を評価するのは、生きもののはしくれとしての人間の役割である。そこには、現場に分け入って自然と対峙する経験と感性を持った人が必ず参加している必要がある。そうでなければ、計画はとんちんかんな方向を向いて暴走する。そうならないために、自然に分け入る人を育てる仕組みを確立しておく必要がある。おそらくそのことは、少しばかり時間がかかるとはいえ問題解決に向けて最も確実な選択だ。

大学の現在

とはいえ、現在の日本の大学では、野外を歩き回るフィールドワーカーを育てることは難しそうだ。フィールドワーカーは自律的かつ自立的でなくてはならない。一人で山に分け入って、さらに何が起こっても、必ず戻ってこなくてはならない。そうでなければ研究が続けられない。

解析技術の進化によって、生物学、生態学の分野は急速に進化している。その結果、保全生物学の分野も盛んになっている。にもかかわらず、その分野を担っていく人を輩出する仕組みがおかしくなっている。その理由を見つけ出して早く改善しないと先がないと思うが、日本の大学が基礎研究を続ける場ではなくなったということは、日本人のノーベル賞受賞者が毎度のように語ることだ。野外の自然を探求する研究の場も同じ状況にある。どうやらその理由は、大学の運営においても、企業経営のように競争原理を強化したことの弊害にあるようだ。

大学にはカラーがあるので一概に言えるものではないが、大学は教育を飯の種にした企業である前に、学問探求の場であるべきだ。専門技術の取得なら技術に特化した専門学校があればよい。大学の経営重視が過ぎれば、学生は学費を払うお客様の御子息、御令嬢である。奨学金を受け取る学生であっても、お客様に変わりはない。大学はお客様に必要な単位をとらせて社会に送り出すことが仕事となり、できるだけよい就職先に入れるよう努める。そしてブランド価値を高め、さらにお客様が増えることを目指す。それが経営である。

大学の入学式や卒業式に着飾った親が参列するのは当たり前の光景になってしまったが、親と子と教官の三者面談すら設けられている現状は、昭和の学生時代を過ごしてきた私には、ひどく違和感がある。成人年齢を一八歳に引き下げる時代に、学生が自立した大人として扱われていない。親の側にも、黙って受け入れる子供にも問題はないのだろうか。大学はお客様から求められるままにサービスを提供する。そして、社員たる研究者は貴重な研究の時間を優先することができない。

大学はお客様の心のケアに気を配らなくてはならず、学内では常に、セクハラ、パワハラ、アカハラが起きないよう気を遣っている。実際にハラスメントが起きている以上、問題を起こす側の原因を改善する努力は当然としても、大学に本来あるべき自由闊達でのびやかに議論する雰囲気が消えてしまっては損失である。

また、野生動物の研究をするには野外調査が基本となる。しかし現在は、学生を野外調査に送り出すことにもブレーキがかかる。この仕事は山を自在に歩けることが前提であるし、林道を車で走らなければ仕事にならない。調査のときに遭難するようなことでは始まらない。だからこそ経験を重ね、時には失敗から学ぶものだ。しかし、大学はお客様である学生に事故を起こしてもらっては困るので、現場には指導教官の引率が求められ、学生による車の運転は認めない。指導教官が何十人もの学生を相手にするような大学では、すべての学生に付き添うことなどできるはずもない。こうしてまた、研究者は研究の時間を奪われていく。

そして、学生はより身近な研究テーマ、誰かがとってきたデータを使ってパソコンを駆使した解析をして、学問をしたつもりで卒論を仕上げて卒業する。こんな現場経験もない人たちに専門家面をされても困るのだが、当然、世間ではすぐにばれて相手にされなくなり、この分野の仕事から離れていく。これでは人材育成の体をなしていない。しかし学生にしてみても、学生生活の後半から早くも就活が待ち構えていたのなら、とてもフィールドに出る時間を確保できない。

こんな大学の現状で、自然の面白さや野生動物の素晴らしさを心から理解する人を育てることなどできるはずもない。まして生物多様性保全やら生態系で考える思考が必要な時代にもかかわらず、また本書で書いてきたエコシステム・マネジメントやら、大型野生動物のマネジメントを担う人を生み出すことなど、とてもできるとは思えない。

野生動物を学ぶ場

実は、野生動物に関する学問分野は非常に多様になってきて、学ぶべきことも増えている。環境全般に絡みつつ、生物学、生態学、保全学、等々の内容は日進月歩であるし、解析技術も進化して、統計学、ＧＩＳ解析、遺伝子解析、そして野外調査技術も含めれば学ぶことは非常に多い。おまけに、社会に出れば調整能力を期待されるので、一般教養はもちろんのこと、会議等で発言などを促したり話の流れを整理しながら円滑に議論を進行させるファシリテーション能力といった人文社会科学系の学問も必要なことだ。その意味では、大学の四年間はみっちり学ぶことのほうが大事かもしれない。それでもなおフィールドでの研究分野を望む人は、大学院に進学して、自己責任で研究活動に専念するという選択もあるだろう。

いったん社会に出てから大学や大学院に入り直すという選択もある。社会は何を必要としているか、自分は何をしたいのか、そういうことが見えてから、焦点を絞って学び直すほうが、人生においては意味があるかもしれない。

大学は学問する場であり、哲学する場である。さらに生きる技術を習得する場でもある。そんな学問の場と社会を行き来することは、人生を豊かにするだろう。それこそが社会の中枢にＡＩが陣取った時代の人間の生き方ではないか。ＡＩは道具であるから、人はＡＩに意味のある指示を出すために考えなくてはならない。人がその役割を担うために、大学は哲学する場として正しく機能するべきである。

ところで、野生動物対策において、ＰＤＣＡのＤに当たる現場の仕事なら、特に大学を出る必要はない。職人的仕事であるから、現場経験を積み上げて実力をつけていくことのほうが、意味がある。そのためには基本的な技術を教える専門技術者の養成学校で、現場の実務を重視したカリキュラムの下でしっかり基礎技術を学ぶ。そんな教育のあり方は、社会が即戦力を求める時代により必要とされるだろう。

自然史博物館への期待

野生動物や自然に関わる仕事を本職にしなくとも、アマチュアのナチュラリストのすそ野はできるだけ広げておくほうがよい。大学の研究者は特定の地域の研究をしているとは限らないので、特定の地域の自然の調査や監視には、地域のナチュラリストの継続的な協力体制を生み出しておくことも必要だ。生物の種類は膨大で、それらが互いに関係し合った複雑な生態系の出来事など、わからないことが多いものだ。日頃から、できるだけたくさんの目で地域の自然を調べながら継続的に診ていく体制を生み出しておくことは、社会として欠かせないことである。

みどりの国勢調査とか多様性調査と呼ばれる環境省の自然環境保全基礎調査も、地域のナチュラリストがいなければ成り立たない。そして現在、各地に多くのＮＧＯが活躍しているとはいえ、どこも中心世代の高齢化が進み、やはり後継者の育成が課題となっている。こんな状況を打開するために、各地の自然史博物館に、地域のナチュラリストたちが集まるハブとしての機能を強化して、そこに集まる各種情報をストックしていく仕組みも必要である。そして、そこには文部科学行政分野と環境行政分野の機能融合が欠かせない。

加えて、現在のナチュラリストに、若い世代の育成指導にあたってもらうことができれば、さらにありがたい。大学で学生を山に送り出すことが困難になっているとすれば、自然に関わる研究をしたいとか、その分野の仕事に携わりたいという若者は、関心のある地域の自然史博物館に行って、山の歩き方のいろはから調査の仕方まで指導してくれる人に出会えたら、先の展望が開けてくる。その先でゆっくり研究テーマを見つけたらよいことだ。

大学の指導教官にとっても、一定の研究費とともに博物館に学生の指導を依頼できる仕組みがあったら助かるはずだ。もちろん、事故が起きたときの対処や事務手続きについては、あらかじめきちんと決めておく、そんな大学と博物館の協力システムがあったらよい。こんなふうに若い世代の育成を地域のナチュラリストがサポートする形ができたなら、そこで育った人が、やがてその地域を診ていく人になってくれるかもしれない。フィールドワーカーの育成は大学だけに任せておくことでもない。

地域の自然を持続的に監視していく体制を生み出すということは、将来に向けて人をつなげていくことである。伊勢神宮の式年遷宮は二〇年に一度と決まっている。それは技術や技術者が絶えないよう、その継承を意図したものだという。このことはどの分野でも同じことだ。たとえば環境省の生物多様性センターが実施している「モニタリングサイト一〇〇〇」という調査事業は、各地のナチュラリストに登録してもらって調査を実施している。このことも、調査のできる人材や調査技術の継承をいっそう意識して機能させていけたなら、次につながっていくだろう。

地域社会で野生動物の仕事に就く

就職先がない。それは大学時代に野生動物や自然の分野に興味を持っていた学生が進路を変える理由の一つである。そして、野生動物の研究室が増えない理由でもある。ゲノム編集で遺伝子を操作する生命科学の分野は、医学にとどまらず、食糧、医薬品、等々、広く花形であるから、その方面への就職を志向する学生が増えるのは当然のことだ。

しかし、本書でこれまで書いてきたように、世の中は野生動物があふれかえる時代に入った。社会はそれに対応せざるをえない。自治体は間違いなく、そのことを社会基盤として整備しなくてはならなくなる。その意味では就職先は増えていくはずだ。たとえ就職先がなかったとしても、仲間を募って組織をつくり、コミュニティの要望に応えたらよい。

私は二八歳で仲間と会社を始め、野生動物保護の仕事に専念してきたが、野生動物のためにどうすれば問題を解決できるかということを考え続けることができるなら、道は自ずと開けるものだ。これほど社会のニーズが高まって、あふれる情報が簡単に手に入る時代なのだから、汗をかくことをいとわず、まっすぐ突き進むことができれば、生きていける。

もちろん、現場で問題を片付ける力量が備わっていなければ、仕事にありつくことはできない。偽物はすぐにばれる。そんなことはどの職業でも同じことだ。この道のプロフェッショナルになりたいのなら、まずは、とことん山に入って自然や野生動物というものを肌で感じる経験を重ねることだ。そうでなければ、野生動物の仕事、研究者にも、ワーカーにも、マネジャーにもなれない。

地域再生を論じる社会科学の分野では、これからの時代は一人の仕事は一つではなくなるという。地域のコミュニティの中で、誰もが、あれもこれも担っていく時代になる。そうであれば、自分の専門分野の仕事を核にしながら、農業もやり、エネルギー生産もやり、治山治水のこともやる。観光客の相手もしながら、片方で介護の必要な高齢者を車で送迎し、日常の買い物のサポートもする。あるいは藪の刈り払い、刈り取った植物の資源化、ワナの見回り、銃による捕獲、捕獲した動物の食品化、対象地域の動物調査なんて仕事もあるだろう。それぞれ精いっぱいにやるのではなくて、自分の労働時間のわずかずつを提供して〇・一、〇・三、〇・六、で全部足したら一になるような仕事のやり方を見つけ出す。それが生業足し算論だ。

そんなふうに仕事をしながら互いにコミュニティを支える。昔のお百姓と呼ばれた人たちの仕事のありようはそうしたものだったと想像する。野生動物と向き合う狩猟者は、農業者であったり、林業者であったり、役場の職人や消防団であったりしたものだ。今、そんな仕事の在り方に取り組むNGOがいくつか出始めている。

若い世代には、都会にくすぶっていないで、思い切って地域社会に飛び込んでもらいたい。そして現場で問題に直面したときこそ、大学や養成学校で学ぶべきことの要点が見えるだろう。そのときに、もう一度、学校に行って学び直したらよい。最新のグローバル技術も、ネット環境も、ドローン技術も、AIロボット技術も、日進月歩だから学び直さなければ使えない。学校から戻ってくれば、きっとそれぞれの地域で活かせるはずだ。

これからは、AIが社会の中枢に陣取る混沌の時代に突入していくからこそ、人々は社会に出て、必要なことを見つけたら再び学び直す。そうした往来を、誰もが無理をしなくとも可能になる社会を生み出すことが必要だと考える。

エコシステム・マネジメントの実践

二〇一九（令和元）年の国連総会の場で、主に世界的な作物生産量の減衰に対応するために、二〇二一（令和三）年から二〇三〇（令和一二）年までの一〇年を「生態系回復の一〇年」に指定して、劣化または破壊された生態系を回復させる取り組みを大規模に展開することが宣言された。気候変動、食糧安全保障、水供給、生物多様性といった危機に対応するために、生態系の回復が欠かせないとの理解を共有しようということだ。二〇三〇年とは持続可能な社会を目指すSDGsの目標年でもある。

本書のところどころで「エコシステム・マネジメント」という言葉を使ってきた（図40）。その理

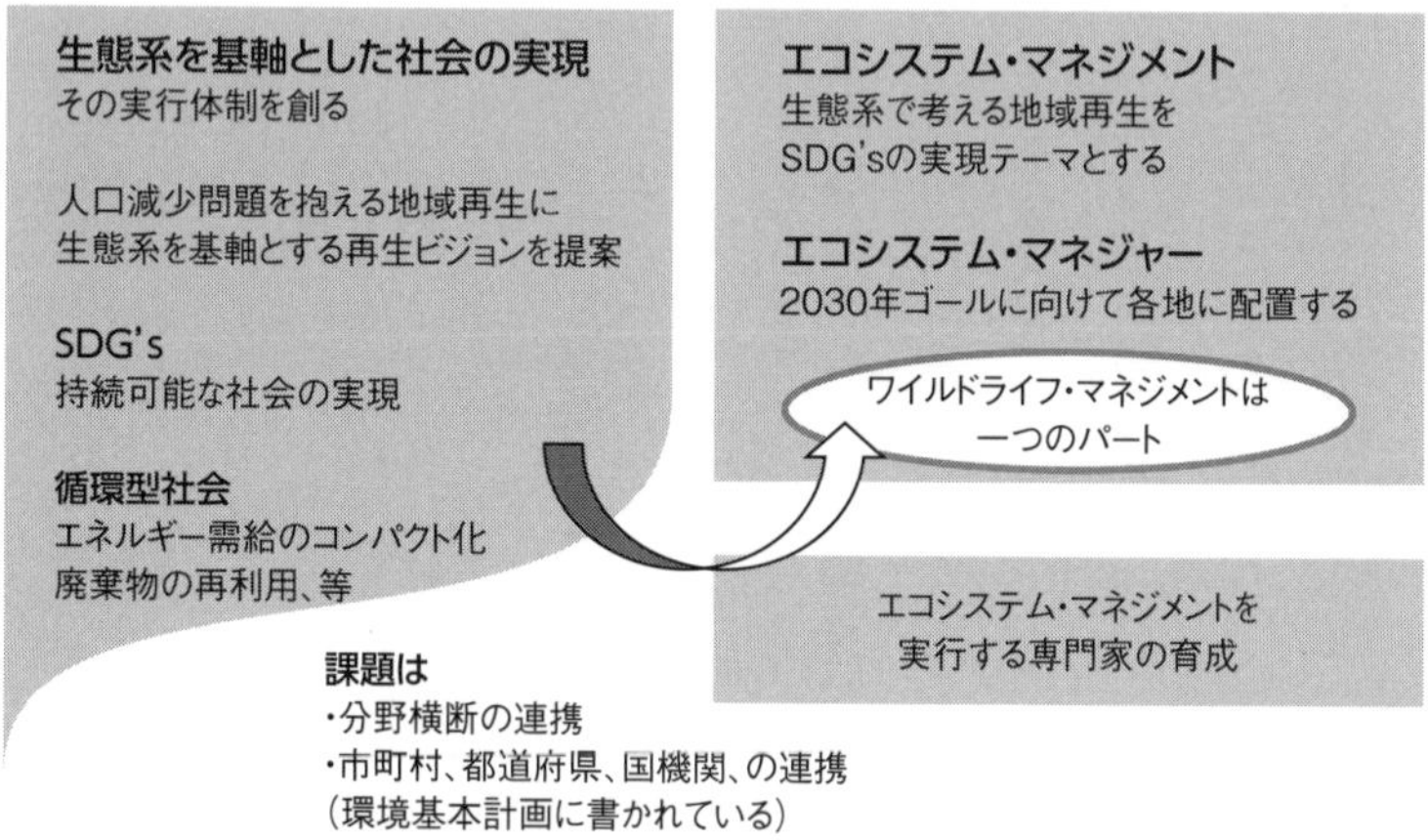
生態系を基軸とした社会の実現
その実行体制を創る
人口減少問題を抱える地域再生に
生態系を基軸とする再生ビジョンを提案
SDG's
持続可能な社会の実現
循環型社会
エネルギー需給のコンパクト化
廃棄物の再利用、等
課題は
・分野横断の連携
・市町村、都道府県、国機関、の連携
(環境基本計画に書かれている)
エコシステム・マネジメント
生態系で考える地域再生を
SDG'sの実現テーマとする
エコシステム・マネジャー
2030年ゴールに向けて各地に配置する
ワイルドライフ・マネジメントは
一つのパート
エコシステム・マネジメントを
実行する専門家の育成

図 40　エコシステム・マネジメント

由は、人口の減少する狭い島国の中で、害性リスクを制御しながら大型野生動物を保護していく。そのための社会システムとしてマネジメントを具体化していかなくてはならないのだけれど、その際に、まずは人の生活、生産活動、それによって展開される土地利用についてマネジメントすることが前提になると書いてきた。要するに生態系の視点で物事をとらえ、社会の仕組みをつくり直す必要があるということだ。そのためには、エコシステム・マネジャーともいうべき技術者の存在が必要であるとも書いてきた。

そんな職種は今の日本には存在しない。少なくとも自然界まで含めた広い視野で地域社会の再構築を展開している事例は、今のところ聞いたことがない。しかし、人口が減少していく時代の新しいコミュニティの創造には、間違いなく地域を生態系の視点でとらえ直して、新しい地域社会の在り方を提案するエコシステム・マネジャー（名前はどうでもよい）という人が必要になる。

では、エコシステム・マネジメントがどんな仕事のスタイルなのかということまでは、今の私には見当もつかない。生態系に関わる多くの分野のそれぞれに法定計画があって、それぞれ個別の課題に応えなくてはならないし、それをどのように束ねて一定の方向を定めていけるのか、実に大変なことだ。ひょっとするとＡＩを駆使したなら、そんな壁を軽々と乗り越えていくのかもしれない。ぜひチャレンジしてもらいたい。

たとえそれが前例のない試行であったとしても、今すぐにでも始めるべき段階にあることは間違いないだろう。誰もが新しい社会への転換を意識しているのだから、自らの足元の範囲で、自らできることに取り組む。現代のパラダイムシフトとはそういうことではないだろうか。ただの私の直感でしかないのだが。

おわりに

野生動物のマネジメントという仕事に関わるようになったのは、ツキノワグマの研究をかじり始めた頃、生息地の森林の伐採に腹を立てたことがきっかけだった。自然保護世論が白神山地の林道建設反対運動に注目していた同時期に、東北奥地のまだ知られていないブナ林が尾根まで一気に切り開かれている現場に居合わせ、あまりの愚かな様に愕然としたことによる。また、当時の自然保護関係者の、自然保護は個人が手弁当でやるものだとの姿勢にも疑問を持った。政府を批判したところで、相手に専門性がなければ先が開けるはずもないと思った。そして、ひょんなことでアメリカの国際クマ会議に参加したとき、社会が行う野生動物の保護、すなわちワイルドライフ・マネジメントに出会ったことで、霧が晴れたようにするべきことが見えた気がした。そして若さによる無謀さと勢いで、仲間と会社をつくった。そんな経緯は先に世に出した『自然保護の形―鳥獣行政をアートする』に書いた。

その後は鳥獣行政のさまざまな場面を経験しながらここまで来たが、社会が行う自然保護の仕組みは相変わらず未完成である。そうこうするうちに、この国は人口の減少する時代に入り、社会情勢もずいぶん様変わりした。野生動物の置かれた状況も様子が違ってきた。一九九〇年代初頭に地球サミットが開催され、日本も生物多様性条約に参加する頃にはバブル景気がはじけ、昭和の乱暴な開発の時代が終焉した。そこからは間違いなく地球環境の時代となった。環境基本法に基づいて国がつくった環境基本計画を読めば、この国の進むべき道が明確に示されている。

それにもかかわらず、相変わらず昭和の幻想を引きずったまま頭の固まった人々が、オリンピック、万博、リニア新幹線という、景気のよかったあの頃そっくりに開発を進めようとしている。そこに世間の冷ややかな目が注がれていることにも気づかない。おまけに国会の場での倫理を欠いた稚拙なやりとりを見せつけられて、優秀だったはずの政治家や官僚が劣化していることを実感し、真実を追求しないメディアの劣化にも危機感を抱き、いよいよ日本の社会は沈みかけていると、巷の人々が普通にささやきあっている。選挙で投票率が上がらない理由もわかるというものだ。おまけに温暖化による気候の乱れが毎年のように災害をもたらすので、昭和時代につくられた社会システムやインフラの不備がどんどん露呈している。こうなればもう、市民の一人一人が自分たちの手でパラダイムシフトを起こさなければ、なんともならんと思うようになった。

法治国家ならば、法律や制度を整備して、その実行体制をつくり、専門家を育成して、全体がブレないよう基本哲学を確認し続ける。また、そのことを社会全体で監視している。そんな社会の仕組みができ上がればよいと考えてきた。だから、現実に足りないものを確認して補完していけばよいと思っている。現在、どこの自治体でも野生動物の出没と、それに伴う被害の問題に追われて大変な状況にある。先行して試験研究機関が設置されている自治体であっても、事情はあまり変わらない。なぜかといえば、理想的な仕組みが存在したとしても、そこに配属される人の思考によってシステムは良くも悪くも機能するからである。それは人が生み出すシステムの常であるようだ。本書で紹介した組織のセクショナリズム、人手不足による過重労働、近年なればこそのSNSを使ったいじめや差別の問題など、そうした原因が入り混じって人間の意欲はそがれていくようだ。そんな世相にかつての暗い時代を思い浮かべる。

私も孫を持つ年齢となり、穢れのない笑顔と、小さな指で物をつかみ、やがて歩き出し、母と同じ言葉を発しようと努力する様を見て、人間の発達のプロセスを実感させられている。この子らの世代は順当に生きたなら二二世紀に到達する。せめて少しは心地よい暮らしを送れるようにしておいてやりたいと、素直にそう思う自分はいかにも生物の端くれだ。だからこそ、二一世紀のパラダイムシフトがうまく展開するように、ささやかながら自分のできることをしておきたいと思いながらこの本を書いた。

そんな気持ちを理解していただけたようで、この本をつくり上げるにあたって、地人書館編集部の塩坂比奈子さんには、丁寧に目を通していただき修正を重ねる相手をしていただいた。また、図表や写真を掲載するにあたって、ずいぶんとお手数をかけた。ここに感謝申し上げる。

二〇二〇年八月現在、新型コロナウイルスによって国際的に人々の往来は封鎖されたままだ。延期になった東京オリンピックの開催も危うい。感染爆発の重大局面が続く中、今年もまた、気象災害によって多くの人が土砂や洪水に巻き込まれ、命を落とし、家を失った。きっと大地震も待ってはくれないだろう、そして大型動物の出没騒動も増えている。歴史を振り返れば、わざわいは重なるものである。頭を抱えてしまう前に、現代社会だからこそ、科学を駆使して、冷静にそれぞれの立場でできることをしよう。

羽澄俊裕

8章

關　義和，江成広斗，小寺祐二，辻　大和 編著（2015）『野生動物管理のためのフィールド調査法―哺乳類の痕跡判定からデータ解析まで』京都大学学術出版会.

羽山伸一，三浦慎悟，梶　光一，鈴木正嗣 編著（2016）『増補版 野生動物管理―理論と技術』文永堂出版.

9章

梶　光一，伊吾田宏正，鈴木正嗣 編（2013）『野生動物管理のための狩猟学』朝倉書店.

梶　光一，小池伸介 編著（2015）『野生動物の管理システム―クマ・シカ・イノシシとの共存をめざして』講談社.

羽澄俊裕（2015）「あふれる野生動物との向き合い方」，高槻成紀 編『動物のいのちを考える』朔北社.

復興庁（2018）福島県避難 12 市町村 イノシシ被害対策技術マニュアル.

林野庁／森林環境税
http://www.rinya.maff.go.jp/j/kouhou/kouhousitu/jouhoushi/attach/pdf/3002-7.pdf

林野庁／森林経営管理制度
http://www.rinya.maff.go.jp/j/keikaku/keieikanri/sinrinkeieikanriseido.html

10章

井上雅央（2008）『これならできる獣害対策』農文協.

内田　樹，藤山　浩，宇根　豊，平川克美『「農業を株式会社化する」という無理　これからの農業論』家の光協会.

島根県／中山間地域センター　https://www.pref.shimane.lg.jp/chusankan

環境省／自然環境局／里地里山の保全・活用
http://www.env.go.jp/nature/satoyama/top.html
国土交通省／都市局／スマートシティの実現に向けて
http://www.mlit.go.jp/common/001249774.pdf
農林水産省／農村振興局／人と自然が織りなす里地環境づくり
http://www.maff.go.jp/j/nousin/sigen/satochi/
復興庁／避難 12 市町村における鳥獣被害対策
https://www.reconstruction.go.jp/topics/main-cat1/sub-cat1-4/wildlife/20190118111241.html

7章

小池伸介，山浦悠一，滝　久智 編著（2019）『森林と野生動物』（森林科学シリーズ 11）共立出版.
木平勇吉 編著（2010）『みどりの市民参加―森と社会の未来をひらく』日本林業調査会.
木平勇吉，勝山輝男，田村　淳，山根正伸，羽山伸一，糸長浩司，原　慶太朗，谷川　潔 編著（2012）『丹沢の自然再生』日本林業調査会.
小林紀之（2015）『森林環境マネジメント―司法・行政・企業の視点から』海青社.
森林施業研究会 編（2007）『主張する森林施業論―22 世紀を展望する森林管理』日本林業調査会.
ポール・ホーケン，エイモリ・B・ロビンス，L・ハンター・ロビンス（佐和隆光 監訳，小幡すぎ子 訳）（2001）『自然資本の経済』日本経済新聞社.
野生動物保護管理事務所「尾瀬国立公園及び周辺域におけるニホンジカ移動状況把握調査及び捕獲手法検討業務報告書」（平成 29・30 年度）
依光良三 編著（2011）『シカと日本の森林』築地書館.

環境省／関東地方環境事務所／尾瀬国立公園各種資料
https://www.env.go.jp/park/oze/data/index.html
熱帯林行動ネットワーク JATAN　http://www.jatan.org/
林野庁　http://www.rinya.maff.go.jp/

環境省／地球環境局／地球温暖化
http://www.env.go.jp/guide/pamph_list/list_ja04.html

5章

饗庭　伸（2015）『都市をたたむ―人口減少時代をデザインする都市計画』共栄書房.
野澤千絵（2016）『老いる家、崩れる街―住宅過剰社会の末路』講談社現代新書.
三浦　展（2018）『都心集中の真実―東京23区町丁別人口から見える問題』ちくま新書.
諸富　徹（2018）『人口減少時代の都市』中公新書.
吉原祥子（2017）『人口減少時代の土地問題』中公新書.

国土交通省／国土政策局／総合計画課／ $1km^2$ 毎の地点（メッシュ）別の将来人口の試算について
http://www.mlit.go.jp/kokudoseisaku/kokudoseisaku_tk3_000044.html
国土交通省／国土政策局／新たな国土のグランドデザイン
http://www.mlit.go.jp/kokudoseisaku/kokudoseisaku_tk3_000043.html
国土交通省／土地基本調査
https://www.mlit.go.jp/totikensangyo/totikensangyo_tk2_000058.html
総務省／住宅・土地統計調査
https://www.stat.go.jp/data/jyutaku/
内閣府・内閣官房／まち・ひと・しごと創生本部事務局
https://www.kantei.go.jp/jp/singi/sousei/index.html

6章

窪田新之助（2017）『日本発「ロボットAI農業」の凄い未来―2020年に激変する国土・GDP・生活』講談社＋α新書.
藻谷浩介，NHK広島取材班（2013）『里山資本主義―日本経済は「安心の原理」で動く』角川ONEテーマ21.
藻谷浩介（2014）『藻谷浩介対話集　しなやかな日本列島のつくりかた』新潮社.

外務省／SDGs プラットホーム
https://www.mofa.go.jp/mofaj/gaiko/oda/sdgs/index.html
農林水産省／農村振興局／地域振興課
http://www.maff.go.jp/j/nousin/tyusan/siharai_seido/s_about/cyusan/
農林水産省／農林業センサス
https://www.maff.go.jp/j/tokei/census/afc/
林野庁／林政部／企画課／森林・林業白書
http://www.rinya.maff.go.jp/j/kikaku/hakusyo/

４章

梶　光一，飯島勇人 編著（2017）『日本のシカ―増えすぎた個体群の科学と管理』東京大学出版会.
小池伸介，山浦悠一，滝　久智 編著（2019）『森林と野生動物』（森林科学シリーズ 11）共立出版.
シーア・コルボーン，ダイアン・ダマノスキ，ジョン・ピーターソン・マイヤーズ（長尾　力 訳）（1997）『奪われし未来』翔泳社.
高槻成紀（2015）『シカ問題を考える―バランスを崩した自然の行方』ヤマケイ新書.
辻　大和，中川尚史 編著（2017）『日本のサル―哺乳類学としてのニホンザル研究』東京大学出版会.
山田文雄，池田　透，小倉　剛 編（2011）『日本の外来哺乳類―管理戦略と生態系保全』東京大学出版会.
湯本貴和，松田裕之 編（2006）『世界遺産をシカが喰う―シカと森の生態学』文一総合出版.
ヨルゲン・ランダース（野中香方子 訳）（2013）『2052 今後 40 年のグローバル予測』日経 BP 社.
レイチェル・カーソン（青樹簗一 訳）（1974）『沈黙の春』新潮文庫.

神奈川県／自然環境保全センター／研究企画部
http://www.agri-kanagawa.jp/sinrinken/info_hokoku.html
環境省／自然環境局／外来生物対策室
https://www.env.go.jp/nature/intro/index.html

環境省／生物多様性センター　http://www.biodic.go.jp/
神戸市／農政部／イノシシ条例
http://www.city.kobe.lg.jp/information/project/industry/boar/index.html
国立感染症研究所　https://www.niid.go.jp/niid/ja/
四国自然史科学研究センター　http://www.lutra.jp/
長崎県／農林部／農山村対策室／鳥獣対策
https://www.pref.nagasaki.jp/bunrui/shigoto-sangyo/nogyo/chojutaisaku/
林野庁／森林整備部／研究指導課／森林保護対策室
https://www.rinya.maff.go.jp/j/hogo/higai/tyouju.html

3章

天野礼子（2001）『ダムと日本』岩波新書.
安藤元一（2008）『ニホンカワウソ―絶滅に学ぶ保全生物学』東京大学出版会.
いいだもも（1996）『猪・鉄砲・安藤昌益』農文協人間選書.
太田猛彦（2012）『森林飽和―国土の変貌を考える』NHK 出版.
神門善久（2012）『日本農業への正しい絶望法』新潮新書.
コンラッド・タットマン（1998）『日本人はどのように森をつくってきたのか』築地書館.
生源寺眞一（2008）『農業再建―真価問われる日本の農政』岩波書店.
瀬戸口明久（2009）『害虫の誕生―虫からみた日本史』ちくま新書.
田口洋美（2000）「列島開拓と狩猟のあゆみ」，赤坂憲雄 責任編集『東北学 3』pp.67-102，作品社.
田中淳夫（1996）『「森を守れ」が森を殺す』洋泉社.
千葉徳爾（1991）『増補改訂 はげ山の研究』そしえて.
徳川林政史研究所 編（2012）『徳川の歴史再発見　森林の江戸学』東京堂出版.
西村三郎（2003）『毛皮と人間の歴史』紀伊国屋書店.
三浦慎悟（2018）『動物と人間―関係史の生物学』東京大学出版会.

増田寛也 ほか (2013)「特集　壊死する地方都市」中央公論 2013 年 12 月号.
増田寛也 ほか (2014)「特集　消滅する市町村 523 全リスト」中央公論 2014 年 6 月号.
増田寛也 編著 (2014)『地方消滅—東京一極集中が招く人口急減』中公新書.
松谷明彦 (2004)『人口減少経済の新しい公式』日本経済新聞社.
毛受敏浩 (2017)『限界国家—人口減少で日本が迫られる最終選択』朝日新書.
山崎史郎 (2017)『人口減少と社会保障』中公新書.
山下祐介 (2012)『限界集落の真実—過疎の村は消えるか？』ちくま新書.
山下祐介 (2014)『地方消滅の罠—「増田レポート」と人口減少社会の正体』ちくま新書.

厚生労働白書 (平成 27 年版) —人口減少社会を考える
https://www.mhlw.go.jp/wp/hakusyo/kousei/15/
国立社会保障・人口問題研究所　http://www.ipss.go.jp/
国土交通省／国土政策局　http://www.mlit.go.jp/kokudoseisaku/

2章

東根千万億 (1993)『SOS ツキノワグマ』岩手日報社.
岡田晴恵 (2016)『知っておきたい感染症—21 世紀型パンデミックに備える』ちくま新書.
落合啓二 (2016)『ニホンカモシカ—行動と生態』東京大学出版会.
小寺祐二 編著 (2011)『イノシシを獲る—ワナのかけ方から肉の販売まで』農文協.
中国新聞取材班 編 (2014)『猪変』本の雑誌社.
山崎晃司 (2017)『ツキノワグマ—すぐそこにいる野生動物』東京大学出版会.

環境省／自然環境局　http://www.env.go.jp/nature/index.html
環境省／自然環境局／鳥獣関係統計
http://www.env.go.jp/nature/choju/docs/docs2.html

参考文献と参考ホームページ

全体を通じたもの

羽澄俊裕（2017）『自然保護の形―鳥獣行政をアートする』文永堂出版.

環境省／自然環境局／生物多様性
http://www.env.go.jp/nature/biodic/jbo2.html

環境省／自然環境局／野生鳥獣の保護及び管理
http://www.env.go.jp/nature/choju/index.html

総務省／統計局　https://www.stat.go.jp/

農林水産省／農村振興局／鳥獣被害対策コーナー
http://www.maff.go.jp/j/seisan/tyozyu/higai/index.html

1章

石井幸孝（2018）『人口減少と鉄道』朝日新書.

内田　樹 編（2018）『人口減少社会の未来学』文芸春秋.

NHK スペシャル取材班（2017）『縮小ニッポンの衝撃』講談社現代新書.

小田切徳美（2014）『農山村は消滅しない』岩波新書.

河合雅司（2017）『未来の年表―人口減少日本でこれから起きること』講談社現代新書.

河合雅司（2018）『未来の年表 2―人口減少日本であなたに起きること』講談社現代新書.

鬼頭　宏（2000）『人口から読む日本の歴史』講談社学術文庫.

高橋洋一（2018）『未来年表―人口減少危機論のウソ』扶桑社新書.

中原圭介（2018）『AI × 人口減少―これから日本で何が起こるのか』東洋経済新報社.

日本創成会議・人口減少問題検討分科会（2014）成長を続ける 21 世紀のために「ストップ少子化・地方元気戦略」.

広井良典（2013）『人口減少社会という希望―コミュニティ経済の生成と地球倫理』朝日新聞出版.

【な行】

【は行】

【ま行】

【や行】

【ら行】

【た行】

索　引

著者紹介

羽澄俊裕（はずみ・としひろ）

1955年生まれ。東京農工大学を卒業後、1980～1984年に環境庁「森林環境の変化と大型野生動物の生息動態に関する基礎的研究」プロジェクトにツキノワグマ班研究員として従事。1983年に野生動物保護管理事務所（WMO）を立ち上げ、2015年（60歳）まで代表取締役。以後、立教大学ESD研究所・客員研究員、東京農工大学農学府・特任教授等を経て、現在は福島県生活環境部鳥獣対策専門官、(公財）神奈川県公園協会理事、(一社）リアル・コンサベーション理事、環境省ほか国や自治体の各種検討会委員を務める。博士（人間科学）早稲田大学。

著書に『自然保護の形―鳥獣行政をアートする』（文永堂出版、2017年）、分担執筆は『動物のいのちを考える』（高槻成紀編著、朔北社、2015年）、『改訂 生態学からみた野生生物の保護と法律―生物多様性保全のために』((財）日本自然保護協会編集、講談社、2010年)、『歴史のなかの動物たち』（中澤克昭編、吉川弘文館、2008年)、『冬眠する哺乳類』（川道武男ら編、東京大学出版会、2000年）ほか。

一貫して、野生動物や自然環境を保全する社会システムの整備に取り組み、社会が行う自然保護の姿として、日本版ワイルドライフ・マネジメントを創り上げることをライフワークとしている。

けものが街にやってくる
人口減少社会と野生動物がもたらす災害リスク

2020年10月10日　初版第1刷
2020年12月10日　初版第2刷

著　者　羽澄俊裕
発行者　上條　宰
発行所　株式会社 **地人書館**
〒162-0835　東京都新宿区中町15
電話　03-3235-4422
FAX　03-3235-8984
郵便振替　00160-6-1532
e-mail　chijinshokan@nifty.com
URL　http://www.chijinshokan.co.jp/

本文イラスト　トミタ・イチロー
本文図版作成　石田　智
印刷所　モリモト印刷
製本所　カナメブックス

ISBN978-4-8052-0944-8 C0036